Verlag von Friedr. Vieweg & Sohn Akt.-Ges.

Weitere Veröffentlichungen dem Gebiete der Atomforschu

A. Sommerfeld:

Atombau und Spektrallinien. 3. umgearbeitete
Mit 125 Abbildungen. ℳ 17,50; geb.

N. Bohr:

Abhandlungen über Atombau aus den Jahren 1913–
Autorisierte deutsche Übersetzung mit einem Geleit
von N. Bohr von Dr. Hugo Stintzing. ℳ

Drei Aufsätze über **Spektren und Atombau**. Mit 7
bildungen. *(Sammlung Vieweg, Heft 56)* ℳ 5,

Dr. Siegfried Valentiner-Clausthal:

Die Grundlagen der Quantentheorie in elementarer Darstellung. Mit 8 Abbildungen. 3. erweiterte Auflage. ℳ 4,—
(Sammlung Vieweg, Heft 15)

Anwendung der Quantenhypothese in der kinetischen Theorie der festen Körper und der Gase. In elementarer Darstellung. 2. Auflage. *(Sammlung Vieweg, Heft 16)* ℳ 4,50

Dr. Walther Gerlach:

Die experimentellen Grundlagen der Quantentheorie. Mit 43 Abbildungen. *(Sammlung Vieweg, Heft 58)* ℳ 6,—

Prof. Rob. Andrews Millikan:

Das Elektron, seine Isolierung und Messung, Bestimmung einiger seiner Eigenschaften. Übersetzt von Professor Dr. K. Stöckl, Regensburg. Mit 32 Abbildungen.
(Die Wissenschaft, Band 69) ℳ 8,25; geb. ℳ 10,—

Dr. Hans Georg Möller:

Die Elektronenröhren und ihre technischen Anwendungen. 2. neu bearbeitete Auflage. Mit 163 Abbildungen und 1 Tafel. *(Sammlung Vieweg, Heft 49)* ℳ 7,50

of. Dr. K. Fajans:

adioaktivität und die neueste Entwicklung der L
den chemischen Elementen. 4. erweiter
arbeitete Auflage. Mit 11
Vieweg, Heft 4

N. Bohr

Über die Quantentheorie der Linienspektren

Übersetzt von

P. Hertz

Mit einem Vorwort des Verfassers

Springer Fachmedien Wiesbaden GmbH

1923

Alle Rechte vorbehalten

ISBN 978-3-663-19868-0   ISBN 978-3-663-20207-3 (eBook)
DOI 10.1007/978-3-663-20207-3

Vorwort.

Im Laufe der letzten Jahre wurde mehrmals von deutschen Fachgenossen die freundliche Aufforderung an mich gerichtet, meine 1918 in englischer Sprache erschienenen Abhandlungen über die Quantentheorie der Linienspektren, die in den Schriften der Kopenhagener Akademie veröffentlicht wurden, auch in deutscher Übersetzung erscheinen zu lassen, und als ich erfahren hatte, daß Professor P. Hertz in Göttingen bereit war, die Arbeit des Übersetzens auf sich zu nehmen, entschloß ich mich gern zu einer solchen Herausgabe. Wie aus der nachstehenden Einleitung hervorgeht, bestand die Absicht, in einer größeren, aus vier Teilen bestehenden Arbeit die Anwendungen der Quantentheorie auf die Fragen des Atombaus von möglichst einheitlichen Gesichtspunkten aus zu behandeln. Ursprünglich lag bei der Drucklegung des ersten Teiles schon die ganze Arbeit im Manuskript, größtenteils in druckfertigem Zustand, vor. Durch verschiedene Umstände kamen damals im ganzen aber nur zwei Teile zur Veröffentlichung, nämlich außer dem ersten Teile, der März 1918 erschien, ein zweiter Teil im Dezember 1918. Obwohl diese Umstände hauptsächlich äußerlicher Art waren, hängt dieser Aufschub der Veröffentlichung der späteren Teile eng mit dem unabgeschlossenen Charakter der behandelten Gegenstände zusammen. So wurde es schon vor der Drucklegung des zweiten Teiles notwendig, seine ursprüngliche Fassung wesentlich zu ändern und zu erweitern, auf Grund der fortschreitenden Entwicklung der Theorie, die die Ausarbeitung der im ersten Teile dargestellten allgemeinen Gesichtspunkte mit sich führte. Eine entsprechende Umarbeitung des dritten und vierten Teiles, die nun auch unumgänglich erschien, wurde aber nie zu einem zufriedenstellenden Abschluß gebracht. Hier war es zumal das Problem der Stabilität von Atomen mit mehreren Elektronen, das sich in den Vordergrund drängte, und das zu Schwierigkeiten Anlaß gab, welche die Begrenztheit der direkten Anwendungsmöglichkeit der im ersten Teile dargelegten Gesichtspunkte zu Tage treten ließen. Das Resultat meiner Beschäftigung mit dieser Frage in den letzten Jahren habe ich versucht in den Hauptzügen in einem Vortrag darzustellen, der eben in deutscher Übersetzung als ein Heft der Sammlung Vieweg erschienen ist zusammen mit zwei anderen Vorträgen allgemeiner Art, die früheren Entwicklungsstufen der Theorie entsprechen.

Bei dieser Sachlage ist die Durchführung des ursprünglichen Arbeitsplanes aufgegeben, und es besteht die Absicht, in einer neuen Reihe von Abhandlungen die in dem genannten Vortrag dargestellten Gesichtspunkte und Resultate in näheren Einzelheiten auszuführen. Inzwischen ist mir von verschiedener Seite geraten worden, das Manuskript der späteren Teile, soweit es bei der Drucklegung des ersten Teiles fertig war, nachträglich herauszugeben, und die vorliegende Ausgabe schließt deshalb mit einer Übersetzung des Manuskriptes des dritten Teiles in der Form, in der es im Frühjahr 1918 vorlag, und in der es jetzt auch in den Schriften der Kopenhagener Akademie veröffentlicht wird. Dieser Teil ist selbstverständlich nicht als eine gewöhnliche wissenschaftliche Veröffentlichung zu betrachten, schon im Hinblick auf den Umstand, daß die in demselben behandelten Fragen inzwischen mehrmals und von verschiedenen Seiten in der Literatur untersucht worden sind. Auf solche Untersuchungen ist in einem am Schluß des dritten Teiles hinzugefügten Nachtrag hingewiesen worden, während der Text das ursprüngliche Manuskript unverändert wiedergibt und an erster Stelle dem Ziele dienen soll, dem Leser einen Einblick zu geben in einige der einfachsten Anwendungen, auf die die allgemein gehaltenen Ausführungen im ersten Teile hinzielten.

An dieser Stelle möchte ich gern die Gelegenheit benutzen, Professor P. Hertz meinen Dank auszusprechen für das Interesse, das er der Übersetzung entgegengebracht und für die große Sorgfalt, die er darauf verwandt hat. Auch möchte ich gern meinem Mitarbeiter Dr. H. A. Kramers herzlich danken für seine Hilfe sowohl bei der damaligen Ausarbeitung der Abhandlungen wie bei dem Durchsehen der Korrektur der vorliegenden Übersetzung. Ferner möchte ich der Direktion des Rask-Ørstedfonds meinen Dank aussprechen für die Unterstützung, die diese Herausgabe ermöglicht hat.

Kopenhagen, September 1922.

N. Bohr.

Inhaltsverzeichnis.

Über die Quantentheorie der Linienspektren.

(Erschienen in D. Kgl. Danske Vidensk. Selsk. Skrifter, naturvidensk. og math. Afd., 8. Række IV, 1. unter dem Titel „On the quantum theory of line spectra".)

	Seite
Vorwort zur Übersetzung	III—IV
Einleitung	1

Teil I. Über die allgemeine Theorie.

§ 1.	Allgemeine Prinzipien	4
§ 2.	Systeme von einem Freiheitsgrad	11
§ 3.	Bedingt periodische Systeme	21

Teil II. Über das Wasserstoffspektrum.

§ 1.	Die einfache Theorie des Serienspektrums des Wasserstoffs	51
§ 2.	Die stationären Zustände eines gestörten periodischen Systems	58
§ 3.	Die Feinstruktur der Wasserstofflinien	88
§ 4.	Die Wirkung eines äußeren elektrischen Feldes auf die Wasserstofflinien	98
§ 5.	Die Wirkung eines magnetischen Feldes auf das Wasserstoffspektrum	113
§ 6.	Das kontinuierliche Wasserstoffspektrum	140

Teil III. Über die Spektren der Elemente von höherer Atomnummer.

§ 1.	Allgemeine Betrachtungen über den Bau der Serienspektren	144
§ 2.	Nähere Betrachtung der Serienspektren einzelner Elemente	149
§ 3.	Die Wirkung elektrischer Felder auf Serienspektren	153
§ 4.	Die Wirkung magnetischer Felder auf Serienspektren	157
Nachtrag zum dritten Teil		159

Dem Andenken meines verehrten Lehrers

Professor C. Christiansen

* 9. Oktober 1843 † 28. November 1917

gewidmet

Einleitung.

Einen Versuch, eine Theorie der Linienspektren in Umrissen zu entwerfen, hat der Verfasser aufgebaut auf eine sinngemäße Anwendung der von Planck in seine Strahlungstheorie eingeführten grundlegenden Gedanken auf die Kernatomtheorie von Sir Ernst Rutherford. Er konnte zeigen, daß man auf diesem Wege zu einer einfachen Deutung einiger der Hauptgesetze gelangen kann, die die Linienspektren der Elemente beherrschen, insbesondere zu einer Ableitung der wohlbekannten Balmerschen Formel für das Wasserstoffspektrum[1]). Die Theorie in der dort gegebenen Form gestattete aber eine ins einzelne gehende Diskussion nur für den Fall periodischer Systeme und reichte offenbar nicht aus, den wesentlichen Unterschied zwischen dem Wasserstoffspektrum und den Spektren anderer Elemente im einzelnen zu erklären, oder die charakteristischen Wirkungen äußerer elektrischer und magnetischer Felder auf das Wasserstoffspektrum. Kürzlich indes fand Sommerfeld[2]) einen Ausweg aus dieser Schwierigkeit; indem er die Theorie in sinngemäßer Verallgemeinerung auf einen einfachen Typus nichtperiodischer Bewegungen anwandte und die kleine Massenänderung des Elektrons mit der Geschwindigkeit berücksichtigte, erhielt er eine Erklärung für die Feinstruktur der Wasserstofflinien, die durch die Messungen glänzend bestätigt wurde. Schon in seiner ersten Arbeit hierüber wies Sommerfeld darauf hin, daß seine Theorie offenbar Anhaltspunkte für die Deutung der weniger einfachen Spektren anderer Elemente enthielte; und kurz darauf paßten

---

[1]) N. Bohr, Phil. Mag. **26**, 1, 476, 857 (1913); **27**, 506 (1914); **29**, 332 (1915); **30**, 394 (1915). (Abhandlungen über Atombau, Braunschweig 1921, Abh. I, II, III, VI, VII und IX.)

[2]) A. Sommerfeld, Ber. Akad. München 1915, S. 425, 459; 1916, S. 131; 1917, S. 83; Ann. d. Phys. **51**, 1 (1916).

Epstein[1]) und Schwarzschild[2]), unabhängig voneinander, Sommerfelds Ansätze der Behandlung einer allgemeineren Klasse nichtperiodischer Systeme an und konnten so auch in Einzelheiten die von Stark entdeckte charakteristische Wirkung eines elektrischen Feldes auf das Wasserstoffspektrum erklären. Im Anschluß daran haben Sommerfeld[3]) selbst und Debye[4]) nach denselben Grundsätzen eine Deutung der magnetischen Beeinflussung des Wasserstoffspektrums gegeben; und gelang hierdurch auch keine vollständige Erklärung der Beobachtungen, so war damit zweifellos ein großer Schritt vorwärts getan zu einem eindringenden Verständnis dieser Erscheinung.

Trotz des großen Fortschrittes, der in diesen Forschungen enthalten war, blieben doch viele Schwierigkeiten grundsätzlicher Natur ungelöst. Sie betreffen nicht nur die beschränkte Anwendbarkeit der Methoden für die Berechnung der Schwingungszahlen des Spektrums eines gegebenen Systems, sondern vor allem die Frage der Polarisation und Intensität der ausgesandten Spektrallinien. Diese Schwierigkeiten sind eng verknüpft mit der grundsätzlichen Abkehr der Quantentheorie von den Grundgedanken der herkömmlichen Mechanik und Elektrodynamik und damit, daß deren Prinzipien bisher nicht durch andere ersetzt werden konnten, die ein ebenso zusammenhängendes und durchgearbeitetes System bildeten. Auch in dieser Hinsicht indes sind kürzlich große Fortschritte durch die Arbeiten von Einstein[5]) und Ehrenfest[6]) erzielt worden. Bei diesem Stande der Theorie dürfte es daher angebracht sein, den Versuch zu unternehmen, die verschiedenen Anwendungen unter einheitlichem Gesichtspunkt zu diskutieren und besonders die zugrunde liegenden Annahmen in ihren Beziehungen zur gewöhnlichen Mechanik und Elektrodynamik zu betrachten. Das ist in der vorliegenden Arbeit versucht worden; es soll gezeigt werden, daß man wohl

---

[1]) P. Epstein, Phys. Zeitschr. **17**, 148 (1916); Ann. d. Phys. **50**, 489; **51**, 168 (1916).
[2]) K. Schwarzschild, Ber. Akad. Berlin 1916, S. 548.
[3]) A. Sommerfeld, Phys. Zeitschr. **17**, 491 (1916).
[4]) P. Debye, Nachr. k. Ges. d. Wiss. Göttingen, 1916; Phys. Zeitschr. **17**, 507 (1916).
[5]) A. Einstein, Verh. d. D. phys. Ges. **18**, 318 (1916); Phys. Zeitschr. **18**, 121 (1917).
[6]) P. Ehrenfest, Proc. Acad. Amsterdam **16**, 591 (1914); Phys. Zeitschr. **15**, 657 (1914); Ann. d. Phys. **51**, 327 (1916); Phil. Mag. **33**, 500 (1917).

etwas Licht auf die noch bestehenden Schwierigkeiten werfen kann, wenn man versucht, die Analogie zwischen Quantentheorie und gewöhnlicher Strahlungstheorie möglichst weitgehend durchzuführen.

Die Arbeit zerfällt in vier Teile:

Teil I enthält eine kurze Darlegung der Prinzipien und behandelt die Anwendung der allgemeinen Theorie auf periodische Systeme von einem Freiheitsgrad und auf die oben erwähnte Klasse nichtperiodischer Systeme.

Teil II enthält zur Erläuterung der allgemeinen Betrachtungen eine ausführliche Darlegung der Theorie des Wasserstoffspektrums.

Teil III enthält eine Besprechung der Fragen, die sich im Zusammenhang mit der Erklärung der Spektren anderer Elemente ergeben.

Teil IV enthält eine allgemeine Darlegung der Theorie des Atom- und Molekülbaus, die sich aus der Anwendung der Quantentheorie auf das Kernatom ergibt.

Kopenhagen, November 1917.

Teil I[1]).
Über die allgemeine Theorie.

§ 1. Allgemeine Prinzipien.

Die Quantentheorie der Linienspektren beruht auf den folgenden Grundannahmen:

I. Ein Atomsystem kann und kann nur dauernden Bestand haben in einer gewissen Reihe von Zuständen, die einer diskreten Reihe seiner Energiewerte entspricht, und folglich findet jede Veränderung der Systemenergie, die Emission und Absorption von elektromagnetischer Strahlung einbegriffen, nur bei einem vollständigen Übergang von einem solchen Zustand zu einem anderen statt. Diese Zustände sollen als die „stationären Zustände" des Systems bezeichnet werden.

II. Die Strahlung, die bei einem Übergang von einem stationären Zustand zum anderen absorbiert oder emittiert wird, ist monochromatisch und besitzt eine Frequenz v, die durch die Beziehung:
$$E' - E'' = h \cdot v \qquad \qquad (1)$$
gegeben ist, wo h die Plancksche Konstante bedeutet und E' und E'' die Werte der Energie für die beiden betrachteten Zustände.

Wie der Verfasser in den in der Einleitung erwähnten Arbeiten gezeigt hat, führen diese Annahmen ohne weiteres zu einer Deutung des grundlegenden, aus den Frequenzmessungen der Serienspektren abgeleiteten Kombinationsprinzips. Nach den von Balmer, Rydberg und Ritz entdeckten Gesetzen

---

[1]) Im Original erschienen April 1918.

können die Frequenzen der Linienspektren eines Elementes durch eine Formel vom Typus:
$$\nu = f_{\tau''}(n'') - f_{\tau'}(n') \dots \dots \dots (2)$$
ausgedrückt werden, wo n' und n'' ganze Zahlen sind und $f_\tau(n)$ eine Funktion ist, die zu einer Schar von für das betrachtete Element charakteristischen Funktionen von n gehört. Auf Grund der obigen Voraussetzungen kann diese Formel (3) offenbar gedeutet werden, wenn man annimmt, daß die stationären Zustände eines Atoms einer Schar von Reihen entsprechen und daß die Energie im n ten Zustand der τ ten Reihe, von einer Konstanten abgesehen durch:
$$E_\tau(n) = -h f_\tau(n) \dots \dots \dots (3)$$
gegeben ist.

Wir sehen daher, daß die Energiewerte für die stationären Zustände eines Atoms unmittelbar aus den Messungen des Spektrums mit Hilfe der Beziehung (1) erhalten werden können. Um jedoch diese Energiewerte durch die Theorie mit den anderen, aus empirischen Quellen über den Atombau gewonnenen Einsichten zu verknüpfen, muß man weitere Annahmen über die Gesetze einführen, welche die stationären Zustände eines gegebenen Atomsystems und die Übergänge von einem dieser Zustände zum anderen beherrschen.

Nun sind wir auf Grund eines bedeutenden Beobachtungsmaterials zu der Annahme gezwungen, daß ein Atom oder Molekül aus einer Anzahl bewegter elektrischer Teilchen besteht; da ferner nach den obigen Grundannahmen in den stationären Zuständen keine Emission von Strahlung stattfindet, so müssen wir notwendigerweise annehmen, daß die gewöhnlichen Gesetze der Elektrodynamik ohne grundsätzliche Abänderungen auf diese Zustände nicht angewandt werden können. In vielen Fällen jedoch wird die Wirkung desjenigen Teiles der elektrodynamischen Kräfte, der mit der Strahlungsemission zusammenhängt, in jedem Augenblick sehr klein sein im Vergleich mit der Wirkung der einfachen Coulombschen elektrostatischen Anziehungen und Abstoßungen geladener Teilchen. Selbst wenn die Strahlungstheorie vollständig abgeändert werden müßte, ist es daher naturgemäß anzunehmen, daß man in solchen Fällen die Bewegung in den stationären Zuständen in großer Annäherung dadurch beschreiben kann, daß man allein die zweite Art von

Kräften beibehält. Im folgenden werden wir daher ebenso wie in sämtlichen in der Einleitung erwähnten Arbeiten zunächst die Bewegungen der Teilchen in den stationären Zuständen wie Bewegungen von Massenpunkten nach der gewöhnlichen Mechanik berechnen unter Berücksichtigung der von der Relativitätstheorie geforderten Abänderungen, und erst später werden wir bei Besprechung besonderer Anwendungen auf die Frage des so erreichten Genauigkeitsgrades zurückkommen.

Betrachten wir sodann den Übergang von einem stationären Zustand zum anderen. Aus der in den Annahmen I und II enthaltenen wesentlichen Unstetigkeit folgt sofort, daß man im allgemeinen nicht einmal annähernd diesen Vorgang mit Hilfe der gewöhnlichen Mechanik beschreiben oder die Frequenzen der hierbei absorbierten oder emittierten Strahlung mittels der gewöhnlichen Elektrodynamik berechnen kann. Wenn wir andererseits bedenken, daß die gewöhnliche Mechanik und Elektrodynamik die Gesetze der Temperaturstrahlung in dem beschränkten Gebiet langsamer Schwingungen zu erklären vermocht hat, so werden wir erwarten, daß jede Theorie, die diese Erscheinung in Übereinstimmung mit den Beobachtungen wiederzugeben imstande ist, eine Art natürliche Verallgemeinerung der gewöhnlichen Strahlungstheorie bilden wird. Nun entbehrt die Strahlungstheorie in der ihr von Planck ursprünglich gegebenen Gestalt, wie allgemein zugegeben wird, innerer Folgerichtigkeit; denn bei der Ableitung der Strahlungsformel wird von Annahmen ähnlichen Charakters wie I und II Gebrauch gemacht in Verbindung mit anderen, die ihnen offenbar widersprechen. Ganz kürzlich jedoch ist es Einstein[1]) gelungen auf Grund der Annahmen I und II, eine folgerichtige und lehrreiche Ableitung der Planckschen Formel zu geben. Geleitet von der Analogie mit der gewöhnlichen Strahlungstheorie führt er gewisse Zusatzannahmen über die Wahrscheinlichkeit dafür ein, daß ein System von einem stationären Zustand in einen anderen übergeht, und darüber, wie diese Wahrscheinlichkeit von der Strahlungsdichte der entsprechenden Frequenz im umgebenden Raume abhängt. Er vergleicht nämlich die Emission oder Absorption einer Strahlung von der Frequenz v, die einem Übergang

---

[1]) A. Einstein, a. a. O.

von einem stationären Zustand zum anderen entspricht, mit der Emission oder Absorption, die nach den Gesetzen der gewöhnlichen Elektrodynamik von einem elektrischen Teilchen erwartet werden muß, wenn es harmonische Schwingungen von dieser Frequenz ausführt. Wie nun nach dieser Theorie ein solches System ohne äußere Anregung eine Strahlung von der Frequenz v aussenden wird, so nimmt Einstein Entsprechendes in der Quantentheorie an. Es soll zunächst eine bestimmte Wahrscheinlichkeit $A_{n''}^{n'} dt$ dafür bestehen, daß das System im Zeitintervall dt aus dem mit n' bezeichneten stationären Zustand größerer Energie spontan in den mit n'' bezeichneten stationären Zustand kleinerer Energie übergeht. Weiter wird nach der gewöhnlichen Elektrodynamik der harmonische Oszillator außer seiner oben erwähnten spontanen Emission auch Strahlungsenergie emittieren oder absorbieren, wenn in dem umgebenden Medium Strahlung von der Frequenz v vorhanden ist, und zwar in einer von der zufälligen Phasendifferenz zwischen Strahlung und Oszillator abhängigen Weise. In Analogie damit nimmt Einstein zweitens an, daß nach der Quantentheorie außer den erwähnten spontanen Übergängen vom Zustand n' zum Zustand n'' unter der Einwirkung von Strahlung im umgebenden Medium in der Zeit dt überdies Übergänge sowohl vom Zustand n' zum Zustand n'' vorkommen sollen als auch vom Zustand n'' zum Zustand n', und zwar mit gewissen von dieser Strahlung abhängigen Wahrscheinlichkeiten. Diese Wahrscheinlichkeiten werden der Intensität der umgebenden Strahlungsdichte proportional angenommen und mit $\varrho_v B_{n''}^{n'} dt$ bzw. $\varrho_v B_{n'}^{n''} dt$ bezeichnet, wo $\varrho_v dv$ die Strahlungsenergie in der Volumeneinheit des umgebenden Raumes bezeichnet, die auf das Frequenzintervall zwischen v und $v+dv$ entfällt, während $B_{n''}^{n'}$ und $B_{n'}^{n''}$ Konstanten sind, die ebenso wie $A_{n''}^{n'}$ nur von den beiden betrachteten Zuständen abhängen. Einstein führt keine besondere Annahme über die Werte dieser Konstanten ein, ebensowenig wie über die Bedingungen, durch die die verschiedenen stationären Zustände eines gegebenen Systems bestimmt sind oder über die „apriorische Wahrscheinlichkeit" dieser Zustände, von der ihre relative Häufigkeit in einer im statistischen Gleichgewicht befindlichen Verteilung abhängt. Er zeigt indes, wie man aus den obigen allgemeinen Annahmen, mit Hilfe des Boltzmannschen Prinzips von der Beziehung zwischen Entropie und Wahrscheinlichkeit und mit Hilfe des bekannten Wienschen Verschiebungsgesetzes eine Formel für die Temperaturstrahlung ableiten kann, die, von einem unbestimmten konstanten Faktor abgesehen, mit der Planckschen Formel übereinstimmt, wenn man nur annimmt, daß die Frequenz, die einem Übergang von einem stationären Zustand zum anderen entspricht, durch (1) gegeben ist. Man sieht daher, daß, wenn man in umgekehrter Richtung schließt, die Einsteinsche Theorie als eine ganz unmittelbare Stütze für diese Annahme gelten kann.

Wenn wir im folgenden die Anwendung der Quantentheorie auf die Bestimmung des Linienspektrums eines gegebenen Systems darstellen, so werden wir, geradeso wie in der Theorie der Temperaturstrahlung, keine besonderen Annahmen über den Mechanismus des Überganges von einem stationären Zustand zum anderen einzuführen brauchen. Jedoch werden wir zeigen, daß die Bedingungen, durch die wir die Energiewerte für die stationären Zustände bestimmen, von solchem Typus sind, daß folgendes gilt: Die nach (1) berechnete Frequenz strebt in dem Grenzfall, wo sich die Bewegung in den benachbarten stationären Zuständen verhältnismäßig wenig voneinander unterscheiden, der Frequenz zu, die nach der gewöhnlichen Strahlungstheorie von der Bewegung in den betreffenden stationären Zuständen erwartet werden muß. Um also für den Grenzfall langsamer Schwingungen den Zusammenhang mit der gewöhnlichen Strahlungstheorie zu erhalten, werden wir unmittelbar zu gewissen Schlußfolgerungen über die Wahrscheinlichkeit des Überganges von einem stationären Zustand zum anderen für diesen Grenzfall geführt. Dies wiederum führt zu gewissen allgemeinen Betrachtungen darüber, wie die Wahrscheinlichkeit des Überganges von einem stationären Zustand zum anderen mit der Bewegung des Systems in diesen Zuständen zusammenhängt, wodurch, wie sich zeigen wird, die Frage der Polarisation und Intensität der verschiedenen Spektrallinien eines gegebenen Systems beleuchtet wird.

In den obigen Betrachtungen haben wir unter einem Atomsystem stillschweigend eine Zahl von elektrischen Teilchen verstanden, die sich in einem Kraftfeld bewegen, das in der erwähnten Annäherung ein nur von der Lage dieser Teilchen abhängiges Potential besitzt. Genauer kann dies als ein System unter konstanten äußeren Bedingungen bezeichnet werden, und nun erhebt sich als die nächste die Frage, welche Änderung der stationären Zustände während einer Änderung der äußeren Kräfte zu erwarten ist, z. B. wenn man das Atomsystem irgend einem veränderlichen äußeren Kraftfeld aussetzt. Nun müssen wir offenbar im allgemeinen annehmen, daß diese Änderung nicht mit Hilfe der gewöhnlichen Mechanik beschrieben werden kann, ebensowenig wie bei konstanten äußeren Bedingungen ein Übergang von einem stationären Zustand zum anderen. Wenn indes die Veränderung der äußeren Kräfte sehr langsam vor sich geht, so dürfen wir wegen der notwendigen Stabilität der stationären Zustände erwarten, daß die Bewegung des Systems in jedem Augenblick während dieser Veränderung nur sehr wenig von der Bewegung in einem stationären Zustand abweicht, der den jeweilig vorhandenen äußeren Bedingungen entspricht. Wenn nun außerdem noch die Veränderung sich mit gleichbleibender oder sehr langsam sich ändernder Geschwindigkeit vollzieht, so werden die auf die Teilchen des Systems wirkenden Kräfte sich in jedem Augenblick nicht merklich von denjenigen unterscheiden, denen die Teilchen in dem Falle unterworfen sind, wo die äußeren Kräfte von einer Anzahl langsam bewegter zusätzlicher Teilchen herrühren, die mit dem ursprünglichen System zusammen ein System in einem stationären Zustand bilden. Von diesem Gesichtspunkt aus scheint es daher naheliegend, anzunehmen, daß mit der erwähnten Annäherung die Bewegung eines Atomsystems in den stationären Zuständen durch unmittelbare Anwendung der gewöhnlichen Mechanik berechnet werden kann, nicht nur unter gleichbleibenden äußeren Bedingungen, sondern auch allgemein während einer langsamen und gleichmäßigen Veränderung dieser Bedingungen. Diese Annahme, die als Prinzip der „mechanischen Transformierbarkeit" der stationären Zustände bezeichnet werden kann, wurde von Ehrenfest[1]) in die Quantentheorie eingeführt und ist, wie sich in den folgenden Abschnitten zeigen wird, von großer Wichtig-

---

[1]) P. Ehrenfest, a. a. O. In diesen Arbeiten wird das betreffende Prinzip die „Adiabatenhypothese" genannt in Übereinstimmung mit dem Gedankengang von Ehrenfest, in dem Betrachtungen über thermodynamische Fragestellungen eine bedeutende Rolle spielen. Von dem in der vorliegenden Arbeit eingenommenen Standpunkt aus scheint die obige Bezeichnung in unmittelbarerer Weise den Inhalt des Prinzips und die Grenzen seiner Anwendbarkeit anzugeben.

keit für die Diskussion der Bedingungen, die dazu geeignet sind, unter der stetigen Menge mechanisch möglicher Bewegungen die stationären Zustände festzustellen. In diesem Zusammenhang mag darauf hingewiesen werden, daß das Prinzip von der mechanischen Transformierbarkeit der stationären Zustände uns gestattet, einer Schwierigkeit grundsätzlicher Natur Herr zu werden. Auf den ersten Blick nämlich könnte es scheinen, daß eine Definition der Energiedifferenz zwischen zwei stationären Zuständen, wie wir sie für die Beziehung (1) gebrauchen, mit Schwierigkeiten verbunden wäre. In der Tat, wir haben die Annahme gemacht, daß der unmittelbare Übergang von einem solchen Zustand zu einem anderen nicht durch die gewöhnliche Mechanik beschrieben werden kann, während wir anderseits kein Mittel besitzen, eine Energiedifferenz zwischen zwei solchen Zuständen zu definieren, wenn es keine Möglichkeit eines stetigen mechanischen Zusammenhanges zwischen ihnen gibt. Es ist indessen einleuchtend, daß solch ein Zusammenhang gerade durch Ehrenfests Prinzip hergestellt wird, das gestattet, mechanisch die stationären Zustände eines gegebenen Systems in die eines andern überzuführen. Denn als zweites System können wir ein solches wählen, in dem die auf die Teilchen wirkenden Kräfte sehr klein sind, und für das wir annehmen können, daß die Energiewerte in allen stationären Zuständen nahe miteinander zusammenfallen.

Was die statistische Verteilung der verschiedenen stationären Zustände über eine große Zahl von gleichartigen Atomsystemen im Temperaturgleichgewicht anbelangt, so kann die Zahl der in den verschiedenen Zuständen vorhandenen Systeme leicht auf die bekannte Weise aus der grundlegenden Boltzmannschen Beziehung zwischen Entropie und Wahrscheinlichkeit abgeleitet werden, falls wir die Energiewerte in diesen Zuständen kennen und die apriorische Wahrscheinlichkeit (statistisches Gewicht), die jedem Zustand bei der Berechnung der Wahrscheinlichkeit der Gesamtverteilung zuzuschreiben ist. Im Gegensatz zu den Betrachtungen der gewöhnlichen statistischen Mechanik besitzen wir in der Quantentheorie kein direktes Mittel, diese apriorischen Wahrscheinlichkeiten zu bestimmen, weil wir keine genauere Kenntnis über den Mechanismus des Überganges von einem stationären Zustand zu einem anderen haben. Wenn indes die apriorischen Wahrscheinlichkeiten für die Zustände eines gegebenen Atomsystems bekannt sind, können sie für irgend ein anderes System gefunden werden, das man aus diesem durch einen stetigen Übergang erhalten kann, ohne durch eines der weiter unten zu erwähnenden Systeme hindurchzugehen. In der Tat, bei einer Prüfung der notwendigen Bedingungen für die Beweisbarkeit des zweiten Hauptsatzes der Thermodynamik hat Ehrenfest[1]) eine allgemeine Bedingung abgeleitet, die Bezug nimmt auf die Änderung der apriorischen Wahrscheinlichkeit bei einer kleinen Änderung der äußeren Bedingungen und aus der sich ergibt, daß die apriorische Wahrscheinlichkeit für einen gegebenen Zustand eines Atomsystems während einer stetigen Transformation erhalten bleiben muß, von besonderen Fällen abgesehen, in denen die Energiewerte einiger dieser stationären Zustände bei der Transformation zusammenfallen. In diesem Ergebnis besitzen wir, wie sich zeigen wird, eine rationelle Grundlage, um die apriorischen Wahrscheinlichkeiten der verschiedenen stationären Zustände eines gegebenen Atomsystems theoretisch abzuleiten.

§ 2. Systeme von einem Freiheitsgrad.

Als das einfachste Beispiel für die im vorigen Paragraphen besprochenen Grundsätze werden wir hier zunächst Systeme von einem Freiheitsgrad betrachten. In diesem Falle ist es möglich gewesen, eine allgemeine Theorie der stationären Zustände aufzustellen. Der Grund dafür ist, daß hier die Bewegung einfach periodisch sein wird, wenn nur der Abstand zwischen den Systemteilen nicht mit der Zeit ins Unendliche wächst, ein Fall der aus einleuchtenden Gründen keinen stationären Zustand im oben definierten Sinne darstellen kann. Infolgedessen kann, wie Ehrenfest[2]) gezeigt hat, die Diskussion der mechanischen Transformierbarkeit stationärer Zustände für Systeme von einem Freiheitsgrad auf einen mechanischen Satz gegründet werden, den wir Boltzmann verdanken, und den dieser ursprünglich in einer Untersuchung über die Bedeutung der Mechanik bei der Er-

---

[1]) P. Ehrenfest, Phys. Zeitschr. 15, 660 (1914). Die obige Deutung dieser Beziehung ist nicht ausdrücklich von Ehrenfest ausgesprochen, bietet sich aber unmittelbar dar, wenn die Quantentheorie in einer Form dargestellt wird, die der grundlegenden Annahme I entspricht.
[2]) P. Ehrenfest, a. a. O. Proc. Acad. Amsterdam 16, 591 (1914).

klärung der thermodynamischen Gesetze angewandt hat. Für die Zwecke der Betrachtungen in den folgenden Abschnitten wird es angebracht sein, hier den Beweis in einer Form zu geben, die sich ein wenig von der von Ehrenfest gewählten unterscheidet und die auch die von der Relativitätstheorie geforderten Abweichungen von den gewöhnlichen Gesetzen der Mechanik berücksichtigt.

Betrachten wir der Allgemeinheit wegen ein konservatives mechanisches System von s Freiheitsgraden, dessen Bewegung durch die Hamiltonschen Gleichungen beherrscht wird

$$\frac{dp_k}{dt} = -\frac{\partial E}{\partial q_k}, \quad \frac{dq_k}{dt} = \frac{\partial E}{\partial p_k}, \quad (k = 1, \cdots s) \cdots (4)$$

wo E die Gesamtenergie als Funktion der generalisierten Lagenkoordinaten $q_1 \ldots q_s$ ist, und $p_1 \ldots p_s$ die entsprechenden kanonisch-konjugierten Impulse sind. Wenn die Geschwindigkeiten so klein sind, daß die Massenänderung der Teilchen mit ihrer Geschwindigkeit vernachlässigt werden kann, so sind die p, wie üblich definiert durch:

$$p_k = \frac{\partial T}{\partial \dot{q}_k}, \quad (k = 1, \cdots s),$$

wo T die kinetische Energie des Systems bedeutet, betrachtet als Funktion der generalisierten Geschwindigkeiten $\dot{q}_1 \ldots \dot{q}_s \left(\dot{q}_k = \frac{dq_k}{dt}\right)$ und der $q_1 \ldots q_s$. In der relativistischen Mechanik sind die p durch ein ähnliches System von Ausdrücken definiert, in denen die kinetische Energie durch: $T = \Sigma m_0 c^2 \left(1 - \sqrt{1 - v^2/c^2}\right)$ zu ersetzen ist, wo die Summation über alle Teilchen des Systems zu erstrecken und wo v die Geschwindigkeit eines der Teilchen, m_0 seine Masse bei der Geschwindigkeit 0, und c die Lichtgeschwindigkeit ist.

Wir wollen jetzt annehmen, das System führe eine periodische Bewegung von der Periode σ aus, und wollen den Ausdruck:

$$I = \int_0^\sigma \sum_1^s p_k \dot{q}_k \, dt \cdots \cdots (5)$$

bilden. Zunächst sieht man leicht, daß er unabhängig von der besonderen Wahl der Koordinaten $q_1 \ldots q_s$ ist, deren man sich zur Beschreibung der Bewegung des Systems bedient. Denn

bei Vernachlässigung der Massenänderung mit der Geschwindigkeit erhält man:
$$I = 2\int_0^\sigma T\,dt,$$

und wenn die relativistischen Änderungen berücksichtgt werden einen ganz ähnlichen Ausdruck, in dem die kinetische Energie durch $T''' = \sum \frac{1}{2} m_0 v^2/\sqrt{1-v^2/c^2}$ ersetzt ist.

Betrachten wir ferner irgend eine neue periodische Bewegung des Systems, die aus einer kleinen Variation der ersten Bewegung entsteht, die aber unter Umständen der Anwesenheit äußerer Kräfte bedarf, um eine mechanisch mögliche Bewegung zu sein. Für die Variation von I ergibt sich dann:

$$\delta I = \int_0^\sigma \sum_1^s (\dot{q}_k \delta p_k + p_k \delta \dot{q}_k)\,dt + \left|\sum_1^s p_k \dot{q}_k \delta t\right|_0^\sigma,$$

wo der letzte Ausdruck sich auf die Variation der Integrationsgrenzen bezieht, die von der Variation der Periode σ herrührt. Durch partielle Integration des zweiten Ausdrucks in der Klammer unter dem Integral erhalten wir darauf:

$$\delta I = \int_0^\sigma \sum_1^s (\dot{q}_k \delta p_k - \dot{p}_k \delta q_k)\,dt + \left|\sum_1^s p_k (\dot{q}_k \delta t + \delta q_k)\right|_0^\sigma,$$

wo der letzte Ausdruck verschwindet, da die variierte Bewegung ebenso wie die ursprüngliche periodisch angenommen worden ist und daher, sowohl der Ausdruck in der Klammer, als auch p_k, an den beiden Grenzen gleich ist. Mit Hilfe der Gleichungen (4) ergibt sich daher:

$$\delta I = \int_0^\sigma \sum_1^s \left(\frac{\partial E}{\partial p_k}\delta p_k + \frac{\partial E}{\partial p_k}\delta q_k\right)dt = \int_0^\sigma \delta E\,dt \quad \cdots (6)$$

Wir wollen nun annehmen, daß die kleine Variation der Bewegung von einem schwachen äußeren Felde herrührt, das mit gleichmäßigem Anstieg während eines Zeitintervalls ϑ hergestellt wird, wo ϑ groß gegen σ ist, so daß der verhältnismäßige Zuwachs während einer Periode sehr klein ist. In diesem Falle ist δE in jedem Augenblick gleich der ganzen Arbeit, die von den äußeren Kräften an den Teilchen des Systems seit Beginn der Felderzeugung geleistet worden ist. Sei dies der Augenblick $t = -\vartheta$ und sei das Potential des äußeren Feldes für $t \geqq 0$

durch Ω gegeben, ausgedrückt als Funktion der q. Für jeden gegebenen Augenblick $t > 0$ haben wir dann:

$$\delta E = -\int_{-\vartheta}^{0} \frac{\vartheta + t}{\vartheta} \sum_{1}^{s} \frac{\partial \Omega}{\partial q_k} \dot{q}_k \, dt - \int_{0}^{t} \sum_{1}^{s} \frac{\partial \Omega}{\partial q_k} \dot{q}_k \, dt,$$

was durch partielle Integration ergibt:

$$\delta E = \frac{1}{\vartheta} \int_{-\vartheta}^{0} \Omega \, dt - \Omega_t.$$

Hier sind im ersten Glied in Ω für die q diejenigen Werte einzuführen, die während der Bewegung unter dem Einfluß des wachsenden äußeren Feldes von dem System angenommen werden, und in das zweite Glied diejenigen, die dem Zustand des Systems zur Zeit t entsprechen. Vernachlässigt man indes Größen, die von derselben Ordnung klein sind wie das Quadrat der äußeren Kraft, so kann man in diesem Ausdruck für δE statt der Werte für q, die bei der gestörten Bewegung angenommen werden, die ihnen im ursprünglichen System entsprechenden setzen. Mit dieser Annäherung ist das erste Glied gleich dem Mittelwert des zweiten, genommen über eine Periode σ und wir haben also:

$$\int_{0}^{\sigma} \delta E \, dt = 0 \quad \cdots \cdots \cdots \cdots (7)$$

Aus (6) und (7) folgt, daß I während der langsamen Erzeugung eines kleinen äußeren Feldes konstant bleibt, wenn die bei konstantem Wert des Feldes stattfindende Bewegung periodisch ist. Wenn nunmehr das zu Ω gehörige äußere Feld als ein innerer Bestandteil des Systems angesehen wird, so läßt sich ebenso zeigen, daß I unverändert bleibt während der Erzeugung eines neuen kleinen äußeren Feldes usw. **Folglich bleibt I invariant für jede endliche Transformation des Systems, die hinreichend langsam ausgeführt wird**, vorausgesetzt, daß die Bewegung in jedem Augenblicke des Prozesses periodisch ist und die Wirkung der Variation nach der gewöhnlichen Mechanik berechnet wird.

Ehe wir zu den Anwendungen dieses Ergebnisses übergehen, wollen wir eine einfache Folgerung aus (6) ziehen für Systeme, für die jede Bahn, unabhängig von den Anfangsbedingungen, periodisch ist. In diesem Falle können wir als variierte eine ungestörte Bewegung des Systems bei ein wenig geänderten Anfangsbedingungen wählen. Dies ergibt $\delta E = $ const, und aus (6) erhalten wir daher:

$$\delta E = \omega \, \delta I \quad \ldots \ldots \ldots \ldots \quad (8)$$

wo $\omega = \dfrac{1}{\sigma}$ die Frequenz der Bewegung ist. Diese Gleichung bildet eine einfache Beziehung zwischen den Variationen von E und I für periodische Systeme, die im folgenden oft benutzt werden wird.

Kehren wir nun zu Systemen von einem Freiheitsgrade zurück, und nehmen wir zum Ausgangspunkt die ursprüngliche **Plancksche Theorie eines linearen harmonischen Oszillators**. Nach dieser Theorie sind die stationären Zustände eines Teilchens, das lineare harmonische Schwingungen von einer konstanten, von der Energie unabhängigen Frequenz ω_0 ausführt, durch die bekannte Beziehung

$$E = n h \omega_0 \quad \ldots \ldots \ldots \ldots \quad (9)$$

gegeben, wenn n eine positive ganze Zahl, h die Plancksche Konstante bedeutet und E die Gesamtenergie, die für den Ruhezustand des Teilchens gleich Null angenommen wird. Aus (8) folgt sofort, daß (9) gleichbedeutend ist mit:

$$I = \int_0^\sigma p \dot{q} \, dt = \int p \, dq = n h \quad \ldots \ldots \quad (10)$$

wo das letzte Integral über eine vollständige Schwingung von q zwischen seinen Grenzen zu erstrecken ist. Nach dem Prinzip der mechanischen Transformierbarkeit der stationären Zustände werden wir daher im Anschluß an Ehrenfest annehmen, daß (10) nicht nur für einen Planckschen Oszillator gilt, sondern für **jedes periodische System von einem Freiheitsgrad, das stetig aus einem linearen, harmonischen Oszillator durch allmähliche Veränderung des auf das Teilchen wirkenden Kraftfeldes hervorgeht**. Man sieht sofort, daß diese Bedingung für alle solche Systeme erfüllt ist, in denen die Bewegung von oszillatorischem Typus ist, d. h. wo das bewegte Teilchen während einer Periode zweimal durch jeden Punkt seiner Bahn — einmal in jeder Richtung — hindurchgeht. Wenn wir uns indes auf Systeme von einem Freiheitsgrad beschränken, so sehen wir, daß wir Systeme, in denen die Bewegung von rotatorischem Typus ist, d. h. in denen das bewegte Teilchen während einer Periode nur einmal durch jeden seiner Bahnpunkte hindurchgeht, nicht in stetiger Weise aus einem linearen harmonischen Oszillator erhalten können, ohne durch singuläre Zustände hindurchzugehen, in denen die Periode unendlich lang, und das Ergebnis mehrdeutig wird. Wir wollen hier nicht näher auf diese von Ehrenfest aufgedeckte Schwierigkeit eingehen, weil sie bei Betrachtung von Systemen von mehreren Freiheitsgraden verschwindet; wir werden nämlich sehen, daß dann eine einfache Verallgemeinerung von (10) sich auf alle die Systeme anwenden läßt, für die jede Bewegung periodisch ist.

Gehen wir jetzt zur Anwendung von (9) auf statistische Probleme über. In seiner Strahlungstheorie hat Planck angenommen, daß die verschiedenen Zustände des Oszillators, die verschiedenen Werten von n entsprechen, a priori gleich wahrscheinlich sind, und diese Annahme erhielt eine starke Stütze durch die Übereinstimmung der auf dieser Grundlage erhaltenen theoretischen Ergebnisse mit den Messungen der spezifischen Wärme von festen Körpern bei tiefen Temperaturen. Nun folgt aus den im vorigen Paragraphen erwähnten Betrachtungen von Ehrenfest, daß die apriorische Wahrscheinlichkeit eines gegebenen Zustandes durch eine stetige Transformation nicht geändert wird, und wir werden daher erwarten, daß für irgend ein System von einem Freiheitsgrad die verschiedenen Zustände, die verschiedenen ganzen Werten von n in (10) entsprechen, a priori gleich wahrscheinlich sind.

Wie Planck bei der Anwendung der Gleichung (9) hervorgehoben hat, zeigen statistische Betrachtungen, denen die Annahme gleicher Wahrscheinlichkeit für die verschiedenen durch (10) gegebenen Zustände zugrunde liegt, den notwendigen Zusammenhang mit der gewöhnlichen statistischen Mechanik für den Grenzfall, in dem die Ergebnisse dieser Theorie durch die Experimente bestätigt worden sind. Sei die Lage und der Geschwindigkeitszustand eines mechanischen Systems durch s unabhängige Veränderliche $q_1 \ldots q_s$, und die zugehörigen Impulse durch $p_1 \ldots p_s$ gekennzeichnet, und sei dem Zustand des Systems im $2s$-dimensionalen Phasenraum ein repräsentierender Punkt mit den Koordinaten $q_1 \ldots q_s, p_1 \ldots p_s$ zugeordnet. Dann ist nach der gewöhnlichen statistischen Mechanik die Wahrscheinlichkeit dafür, daß dieser Punkt in einem kleinen Element des Phasenraums liegt, unabhängig von Lage und Gestalt dieses Elementes und einfach proportional seinem Volumen, das wie üblich durch

$$\delta W = \int dq_1 \ldots dq_s \, dp_1 \ldots dp_s \quad \ldots \ldots (11)$$

definiert ist. In der Quantentheorie können indes diese Betrachtungen nicht unmittelbar angewandt werden, da der den Zustand des Systems repräsentierende Punkt nicht stetig im $2s$-dimensionalen Phasenraum verschoben werden kann, sondern nur auf gewissen Flächen von niedrigerer Dimensionszahl in diesem Raum. Für Systeme von einem Freiheitsgrad ist der Phasenraum eine zweidimensionale Fläche, und die Punkte, welche die durch (10) gegebenen Zustände eines Systems repräsentieren, liegen auf geschlossenen Kurven in dieser Fläche. Nun wird zwar im allgemeinen für irgend zwei Zustände, die aufeinanderfolgenden ganzen Werten von n in (10) entsprechen, die Bewegung beträchtlich voneinander abweichen, und von einem einfachen allgemeinen Zusammenhang zwischen der Quantentheorie und der gewöhnlichen statistischen Mechanik kann daher keine Rede sein. In dem Grenzfall aber, in dem n groß ist, werden die Bewegungen in benachbarten Zuständen nur sehr wenig voneinander abweichen, und es wird daher nur einen sehr geringen Unterschied ausmachen, ob die repräsentierenden Punkte stetig über die Phasenfläche verteilt sind, oder nur auf den (10) entsprechenden Kurven liegen, vorausgesetzt, daß die Zahl der Systeme, die im ersten Fall zwischen zwei solchen Kurven liegen, gleich der Zahl derjenigen ist, die im zweiten Fall auf einer dieser Kurven liegen. Offenbar ist aber diese Bedingung gerade erfüllt, infolge der obigen Voraussetzung über die gleiche apriorische Wahrscheinlichkeit der verschiedenen stationären Zustände, weil das Element der Phasenfläche, das von zwei aufeinanderfolgenden (10) entsprechenden Kurven begrenzt wird, gleich ist:

$$\delta W = \int dp\, dq = \left[\int p\, dq\right]_n - \left[\int p\, dq\right]_{n-1} = I_n - I_{n-1} = h \ . \ (12)$$

so daß nach der gewöhnlichen statistischen Mechanik der Punkt mit der gleichen Wahrscheinlichkeit in jedem dieser Elemente liegen kann. Wir sehen daher, daß die Voraussetzung der gleichen Wahrscheinlichkeit für die durch (10) gegebenen verschiedenen Zustände zu demselben Ergebnis führt, wie die gewöhnliche statistische Mechanik in allen den Anwendungen, in welchen die Zustände der überwiegenden Mehrheit der Systeme großen Werten von n entsprechen. Betrachtungen dieser Art haben Debye[1]) zu dem Hinweis geführt, daß die Bedingung (10) eine allgemeine Gültigkeit für Systeme von einem Freiheitsgrad haben möchte, noch ehe Ehrenfest auf Grund seiner Theorie von der mechanischen Transformierbarkeit der stationären Zustände gezeigt hat, daß diese Bedingung die einzige sinngemäße Verallgemeinerung der Planckschen Bedingung (9) bildet.

Wir werden jetzt die Beziehung besprechen zwischen der auf (1) und (10) gegründeten Theorie der Spektren von Atomsystemen von einem Freiheitsgrad und der gewöhnlichen Strahlungstheorie, und wir werden sehen, daß diese Beziehung in mancher Hinsicht von ganz ähnlicher Natur ist wie die eben betrachtete zwischen den statistischen Anwendungen von (10) und Überlegungen auf Grund der gewöhnlichen statistischen Mechanik. Da die Werte für die Frequenz ω in zwei Zuständen, die verschiedenen Werten von n in (10) entsprechen, im allgemeinen verschieden sind, so ist ohne weiteres einleuchtend: Wir können nicht einen einfachen Zusammmenhang erwarten zwischen der nach (1) berechneten Frequenz der Strahlung, die einem Übergang von einem stationären Zustand zum anderen entspricht und den Bewegungen des Systems in diesen Zuständen, außer in dem Grenzfall, daß n sehr groß ist, und daß sich daher das Verhältnis zwischen den Frequenzen der Bewegung in zwei aufeinanderfolgenden stationären Zuständen sehr wenig von der Einheit unterscheidet. Wir wollen jetzt einen Übergang betrachten, von einem Zustand zum anderen, und wollen annehmen, daß die diesen Zuständen entsprechenden n, nämlich n' und n'' sehr groß sind, und daß $n' - n''$ klein im Vergleich mit n' und n'' ist. In diesem Falle können wir in (8) für δE die Differenz $E' - E''$ und für δI die Differenz $I' - I''$ setzen, und wir erhalten daher aus (1) und (10) für die Frequenz der

---

[1]) P. Debye, Wolfskehl-Vortrag. Göttingen 1913.

bei dem Übergang von einem der Zustände zum anderen emittierten oder absorbierten Strahlung

$$\nu = \frac{1}{h}(E' - E'') = \frac{\omega}{h}(I' - I'') = (n' - n'')\omega \ . \quad (13)$$

Nun kann in einem stationären Zustand eines periodischen Systems die Verschiebung der Teilchen in jeder beliebigen Richtung stets durch eine Fouriersche Reihe als eine Summe harmonischer Schwingungen ausgedrückt werden:

$$\xi = \sum C_\tau \cos 2\pi (\tau \omega t + c_\tau) \ \ldots \ldots \quad (14)$$

wo die C und c Konstanten sind, und die Summation über alle positiven ganzen Werte von τ zu erstrecken ist. Nach der gewöhnlichen Strahlungstheorie sollten wir daher erwarten, daß das System ein Spektrum aussendet, bestehend aus einer Reihe von Linien mit Frequenzen gleich $\tau\omega$; aber das ist gerade, wie wir sehen, die Reihe von Frequenzen, die wir aus (13) durch Einführung der verschiedenen Werte für $n' - n''$ erhalten. Soweit daher die Frequenzen in Frage kommen, sehen wir, daß in dem Grenzfall, daß n groß ist, eine enge Beziehung zwischen der gewöhnlichen Strahlungstheorie und der auf (1) und (10) gegründeten Theorie der Spektren besteht. Indes ist zu bemerken, daß, während nach der ersten Theorie Strahlungen von den verschiedenen den verschiedenen Werten von τ entsprechenden Frequenzen $\tau\omega$ gleichzeitig emittiert oder absorbiert werden, diese Frequenzen nach der gegenwärtigen auf die Grundannahmen I und II gegründeten Theorie zu ganz verschiedenen Emissions- oder Absorptionsvorgängen gehören, entsprechend dem Übergang des Systems von einem gegebenen zu anderen benachbarten Zuständen.

Um ferner den im vorigen Paragraphen erwähnten notwendigen Zusammenhang mit der gewöhnlichen Strahlungstheorie für den Grenzfall langsamer Schwingungen zu erhalten, müssen wir verlangen, daß eine derartige Beziehung wie die eben für die Frequenzen bewiesene, im Grenzfall großer n auch für die Intensitäten der verschiedenen Spektrallinien gilt. Da nun nach der gewöhnlichen Elektrodynamik die den verschiedenen Werten von τ entsprechenden Intensitäten der Strahlungen unmittelbar durch die Koeffizienten C_τ in (14) bestimmt sind, müssen wir also erwarten, daß für große Werte von n diese

Koeffizienten nach der Quantentheorie die **Wahrscheinlichkeit bestimmen für einen spontanen Übergang** von einem gegebenen stationären Zustand, für den $n = n'$ ist, zu einem Nachbarzustand, für den $n = n'' = n' - \tau$ ist. Dieser Zusammenhang der Amplituden der verschiedenen durch verschiedene Werte von τ gekennzeichneten harmonischen Schwingungen, in die die Bewegung aufgelöst werden kann, mit den Wahrscheinlichkeiten der durch verschiedene Werte von $n' - n''$ gekennzeichneten Übergänge von einem gegebenen stationären Zustand zu dem davon verschiedenen Nachbarzustand dürfte aller Wahrscheinlichkeit nach allgemeiner Natur sein. Zwar können wir natürlich nicht ohne eine bestimmte Theorie über den Mechanismus des Überganges zu einer genauen Berechnung dieser Wahrscheinlichkeiten gelangen, es sei denn, daß n sehr groß ist; aber wir dürfen auch für kleine Werte von n erwarten, daß die Amplituden der zu einem gegebenen Werte von τ gehörigen harmonischen Schwingungen in gewissem Grade ein Maß abgeben für die Wahrscheinlichkeit eines Überganges von einem stationären Zustand n' zu einem anderen $n'' = n' - \tau$. So wird es zwar im allgemeinen bei gegebenem stationären Zustand eines Atomsystems für jeden anderen stationären Zustand kleinerer Energie eine gewisse Wahrscheinlichkeit dafür geben, daß das System in ihn spontan übergeht; wenn dagegen für alle Bewegungen eines gegebenen Systems die Koeffizienten C in (14) für gewisse Werte von τ Null sind, so werden wir erwarten müssen, daß kein Übergang möglich ist, für den $n' - n''$ einem dieser Werte gleich ist.

Ein einfaches Beispiel für diese Betrachtungen bietet der oben im Zusammenhang mit der Planckschen Theorie erwähnte harmonische Oszillator. Da in diesem Falle C_τ für jedes von 1 verschiedene τ gleich Null ist, so werden wir erwarten, daß für dieses System nur solche Übergänge möglich sind, bei denen sich n um eine Einheit ändert. Aus (1) und (9) erhalten wir daher das einfache Ergebnis, daß die Frequenz irgend einer vom linearen Oszillator emittierten oder absorbierten Strahlung der konstanten Frequenz ω_0 gleich ist. Dieses Ergebnis scheint eine Stütze in Beobachtungen über die Absorptionsspektren zweiatomiger Gase zu finden, wo sich zeigt, daß gewisse starke Absorptionslinien, die allem Anschein nach den Schwingungen der beiden Atome im Molekül gegeneinander zuzuschreiben sind, nicht begleitet sind von Linien gleicher Größenordnung der Intensität, die ganzen Vielfachen der Frequenz entsprechen, so wie es nach (1) erwartet werden müßte, wenn das System irgend eine merkliche Neigung hätte von irgend einem Zustand zu einem nicht benachbarten überzugehen. In diesem Zusammenhang mag bemerkt werden: Daß in den Absorptionsspektren einiger zweiatomiger Gase schwache Linien auftreten, die den doppelten Frequenzen der Hauptlinien[1]) entsprechen, findet eine natürliche Erklärung in der Annahme, daß für endliche Amplituden die Schwingungen nicht genau harmonisch sind, und die Moleküle daher eine geringe Wahrscheinlichkeit besitzen, von einem Zustand auch zu einem nicht benachbarten überzugehen.

§ 3. Bedingt periodische Systeme.

Wenn wir Systeme von mehreren Freiheitsgraden betrachten, so wird die Bewegung nur in singulären Fällen periodisch sein, und die allgemeinen Bedingungen, die die stationären Zustände bestimmen, können daher nicht durch Betrachtungen von derselben einfachen Art wie die des vorigen Paragraphen abgeleitet werden. Wie indes in der Einleitung erwähnt, ist es Sommerfeld und anderen kürzlich gelungen, mit Hilfe einer sinngemäßen Verallgemeinerung von (10), Bedingungen für eine wichtige Klasse von Systemen mehrerer Freiheitsgrade zu erhalten; und es hat sich gezeigt, daß diese Bedingungen in Verbindung mit (1) zu Ergebnissen führen, die in überzeugender Weise mit den über Linienspektren erhaltenen experimentellen Ergebnissen übereinstimmen. Darauf wurden diese Bedingungen von Ehrenfest und besonders von Burgers[2]) als invariant langsamen mechanischen Transformationen gegenüber nachgewiesen.

Zu dieser Verallgemeinerung werden wir auf natürliche Weise geführt, wenn wir zunächst solche Systeme betrachten, für welche die den einzelnen Freiheitsgraden entsprechenden Bewegungen dynamisch voneinander unabhängig sind. Das ist der Fall, wenn der Ausdruck für die Gesamtenergie in den Hamiltonschen Gleichungen (4) für ein System von s Freiheits-

---

[1]) Siehe E. C. Kemble, Phys. Rev. 8, 701 (1916).
[2]) J. M. Burgers, Versl. Akad. Amsterdam 25, 849, 918, 1055 (1917); Ann. d. Phys. 52, 195 (1917); Phil. Mag. (1917), S. 514.

graden als eine Summe $E_1 + \ldots + E_s$ geschrieben werden kann, wo E_k nur q_k und p_k enthält. Ein Beispiel für ein System dieser Art bildet ein Teilchen in einem Kraftfeld, in dem jede Kraftkomponente, die normal zu einer von drei aufeinander senkrecht stehenden festen Ebenen ist, allein von dem Abstande von dieser Ebene abhängt. Da in einem solchen Fall die jedem Freiheitsgrad entsprechende Bewegung im allgemeinen periodisch sein wird, gerade wie für ein System von einem Freiheitsgrad, so können wir offenbar erwarten, daß die Bedingung (10) hier durch ein System von s Bedingungen zu ersetzen ist:

$$I_k = \int p_k dq_k = n_k h, \ (k = 1 \ldots s) \quad \cdots \cdots (15)$$

wo die Integrationen über eine vollständige Periode der betreffenden q zu erstrecken, und wo $n_1 \ldots n_s$ ganze Zahlen sind. Man sieht sofort, daß diese Bedingungen invariant gegenüber jeder langsamen Transformation des Systems sind, bei der die Unabhängigkeit der den verschiedenen Koordinaten entsprechenden Bewegungen aufrecht erhalten wird.

Es gibt noch eine allgemeinere Klasse von Systemen, die eine ähnliche Analogie mit Systemen von einem Freiheitsgrad zeigen, und für die Bedingungen vom selben Typus wie (15) sich darbieten; Systeme nämlich, für die zwar die den einzelnen Freiheitsgraden entsprechenden Bewegungen nicht unabhängig voneinander sind, für die es aber nichtsdestoweniger durch passende Koordinatenwahl möglich ist, jeden Impuls p_k als eine Funktion von q_k allein auszudrücken. Ein einfaches System dieser Art besteht aus einem Teilchen, daß sich in einer ebenen Bahn in einem zentralen Kraftfeld bewegt. Wenn wir die Länge des von dem Mittelpunkt des Feldes zum Teilchen gezogenen Radiusvektors als Koordinate q_1 wählen und den Winkelabstand dieses Radiusvektors von einer festen Geraden in dieser Bahnebene als q_2, so erhalten wir, da E nicht q_2 enthält, aus (4) sofort das bekannte Ergebnis, daß während der Bewegung der Drehimpuls p_2 konstant ist, und daß die radiale Bewegung, die durch die Veränderungen mit der Zeit von q_1 und p_1 gegeben wird, genau dieselbe ist wie für ein System von einem Freiheitsgrad. In seiner grundlegenden Anwendung der Quantentheorie auf das Spektrum eines nichtperiodischen Systems nahm Sommerfeld daher an, daß die stationären Zustände eines solchen Systems durch zwei Bedingungen gegeben sind von der Form:

$$I_1 = \int p_1 \, dq_1 = n_1 h; \quad I_2 = \int p_2 \, dq_2 = n_2 h \quad . . (16)$$

Während das erste Integral offenbar über eine Periode der radialen Bewegung zu erstrecken ist, scheint auf den ersten Blick die Festsetzung der Integrationsgrenzen von q_2 mit Schwierigkeiten verbunden. Diese verschwinden indes, wenn wir bemerken, daß sich der Wert eines Integrals von dem betrachteten Typus durch eine Koordinatentransformation nicht ändert, in der q durch irgend eine Funktion dieser Variabeln ersetzt wird. In der Tat, wenn wir an Stelle des Winkelabstandes des Radiusvektors für q_2 irgend eine stetige, periodische Funktion dieses Winkels von der Periode 2π einführen, so wird jeder Punkt der Bahnebene nur einem Paar von Koordinaten entsprechen, und die Beziehung zwischen p und q wird von genau demselben Typus sein wie für ein periodisches System von einem Freiheitsgrad, also vom oszillatorischen Typus. Daraus folgt, daß die Integration in der zweiten von den Bedingungen (16) über eine vollständige Umdrehung des Radiusvektors zu erstrecken ist, und daß somit diese Bedingung gleichbedeutend ist mit der einfachen Forderung, daß der Drehimpuls des Teilchens um das Zentrum des Kraftfeldes gleich einem ganzen Vielfachen von $\frac{h}{2\pi}$ ist. Wie von Ehrenfest bemerkt, sind die Bedingungen (16) für solche besonderen Transformationen des Systems invariant, für die die zentrische Symmetrie aufrecht erhalten bleibt. Dies folgt unmittelbar daraus, daß der Drehimpuls bei Transformationen dieser Art invariant bleibt, und daß die Bewegungsgleichungen für die radiale Koordinate, solange p_2 konstant bleibt, dieselben sind wie für ein System von einem Freiheitsgrad. Auf der Grundlage von (16) hat, wie in der Einleitung erwähnt, Sommerfeld eine glänzende Erklärung für die Feinstruktur der Linien im Wasserstoffspektrum erhalten, welche von der Massenänderung des Elektrons mit seiner Geschwindigkeit[1] herrührt. Auf diese Theorie werden wir in Teil II zurückkommen

---

[1] In diesem Zusammenhang mag bemerkt werden, daß Bedingungen von demselben Typus wie (16) unabhängig von W. Wilson [Phil. Mag. **29**, 795 (1915) und **31**, 156 (1916)], vorgeschlagen, aber von ihm nur auf die einfache Keplersche Bewegung angewandt wurden, die das Elektron im Wasserstoffatom

Wie von Epstein[1]) und Schwarzschild[2]) nachgewiesen, stellen die von Sommerfeld untersuchten zentrischen Systeme einen besonderen Fall einer allgemeineren Klasse von Systemen dar, auf die Bedingungen von demselben Typus wie (15) angewandt werden können. Das sind die sogenannten bedingt periodischen Systeme, auf die wir geführt werden, wenn wir die Bewegungsgleichungen mit Hilfe der Hamilton-Jacobischen partiellen Differentialgleichungen[3]) diskutieren. In dem Ausdruck für die Gesamtenergie E als eine Funktion der q und der p wollen wir die p durch die partiellen Differentialquotienten einer Funktion S nach den entsprechenden q ersetzen, und wir wollen die partielle Differentialgleichung betrachten:

$$E\left(q_1 \ldots q_s, \frac{\partial S}{\partial q_1}, \ldots \frac{\partial S}{\partial q_s}\right) = \alpha_1 \quad \cdots \cdots (17)$$

die man erhält, wenn man diesen Ausdruck einer willkürlichen Konstanten α_1 gleichsetzt. Wenn dann

$$S = F(q_1 \ldots q_s, \alpha_1 \ldots \alpha_s) + C$$

ein vollständiges Integral von (17) ist, wo $\alpha_2 \ldots \alpha_s$ und C ebenso wie willkürliche Konstanten sind, so erhalten wir, wie Hamilton und Jacobi gezeigt haben, die allgemeine Lösung der Bewegungsgleichungen (4) dadurch, daß wir setzen

$$\frac{\partial S}{\partial \alpha_1} = t + \beta_1, \quad \frac{\partial S}{\partial \alpha_k} = \beta_k \ (k = 2 \ldots s) \quad \cdots (18)$$

und

$$\frac{\partial S}{\partial q_k} = p_k \ (k = 1 \ldots s) \quad \cdots \cdots \cdots (19)$$

beschreibt, wenn die relativistischen Abänderungen vernachlässigt werden. Entsprechend der Ausnahmestellung, die periodische Systeme in der Quantentheorie der Systeme von mehreren Freiheitsgraden einnehmen, führt jedoch diese Anwendung, wie aus den folgenden Erörterungen hervorgeht, zu einer Vieldeutigkeit, die dem Ergebnis die Möglichkeit einer unmittelbaren physikalischen Deutung nimmt. Bedingungen, die (16) analog sind, hat auch Planck aufgestellt in seiner interessanten Theorie der „physikalischen Struktur des Phasenraums" von Systemen von mehreren Freiheitsgraden [Verh. d. D. Phys. Ges. 17, 407 und 438 (1915), Ann. d. Phys. 50, 385 (1916)]. Diese Theorie, die keine unmittelbare Beziehung zu dem in der vorliegenden Arbeit besprochenen Problem der Linienspektren besitzt, beruht auf einer tiefgehenden Analyse des geometrischen Problems, den einem System von mehreren Freiheitsgraden entsprechenden mehrdimensionalen Phasenraum in analoger Weise in „Zellen" zu teilen, wie die Phasenfläche eines Systems von einem Freiheitsgrad durch die durch (10) gegebenen Kurven eingeteilt wird.

[1]) P. Epstein, a. a. O.
[2]) K. Schwarzschild, a. a. O.
[3]) Siehe z. B. C. V. L. Charlier: Die Mechanik des Himmels, Bd. I, Abt. 2.

wo t die Zeit ist und $\beta_1\ldots\beta_s$ ein neues System von willkürlichen Konstanten. Durch (18) sind die q als Funktion der Zeit und der $2s$ Konstanten $\alpha_1\ldots\alpha_s$, $\beta_1\ldots\beta_s$ gegeben, die z. B. aus den Werten der q und der $\dot q$ in einem gegebenen Augenblick zu bestimmen sind.

Nun umfaßt die Klasse der Systeme, um die es sich hier handelt, diejenigen, für die bei geeigneter Wahl von orthogonalen Koordinaten ein vollständiges Integral von (17) von der Form

$$S = \sum_1^s S_k(q_k, \alpha_1\ldots\alpha_s) \ldots \ldots (20)$$

gefunden werden kann, wo S_k eine Funktion der s Konstanten $\alpha_1\ldots\alpha_s$ und von q_k allein ist. In diesem Falle, in dem die Gleichung (17) das gestattet, was man „Separation der Variabeln" nennt, ersehen wir aus (19), daß jedes p eine Funktion allein der α und des ihm entsprechenden q ist. Wenn während der Bewegung die Koordinaten nicht im Laufe der Zeit unendlich werden oder gegen feste Grenzen konvergieren, wird jedes q gerade wie für Systeme von einem Freiheitsgrad zwischen zwei festen Werten oszillieren, die für verschiedene q verschieden sind und von den α abhängen. Wie in dem Falle von einem Freiheitsgrad wird p_k jedesmal Null werden und sein Vorzeichen ändern, wenn q_k eine dieser Grenzen erreicht. Von besonderen Fällen abgesehen wird das System während seiner Bewegung niemals zweimal durch dieselbe Konfiguration hindurchgehen, d. h. denselben Inbegriff von Werten q und p annehmen; es wird aber im Laufe der Zeit jeder einem gegebenen Inbegriff von Werten $q_1\ldots q_s$ entsprechenden Konfiguration beliebig nahe kommen, und zwar wird der das System im Raume der q repräsentierende Punkt auf eine gewisse geschlossene s-dimensionale Mannigfaltigkeit beschränkt sein, die von s Paaren $(s-1)$-dimensionaler Flächen begrenzt ist, entsprechend den oben als Grenzen der Oszillation erwähnten konstanten Werten der q. Eine Bewegung dieser Art wird „bedingt periodisch" genannt. Man sieht, daß der Charakter der Bewegung nur von den α und nicht von den β abhängt; diese letzte Gattung von Konstanten dient nur dazu, in einem gegebenen Augenblick die genaue Konfiguration des Systems festzulegen, wenn die α bekannt sind. Für besondere Systeme kann der Fall eintreten, daß die Bahn die oben erwähnte s-dimensionale Mannigfaltigkeit nicht überall dicht bedeckt, sondern für alle Werte der α auf eine niedriger dimensionale Mannigfaltigkeit beschränkt bleibt. Solche Fälle werden wir im folgenden als Fälle der „Entartung" bezeichnen.

Da für ein bedingt periodisches System, das eine Separation der Variabeln in den $q_1 \ldots q_s$ gestattet, die p Funktionen allein des entsprechenden q sind, so können wir, ebenso wie in dem Falle von unabhängigen Freiheitsgraden oder in dem Falle quasiperiodischer Bewegung in einem Zentralfeld, eine Reihe von Ausdrücken der Form:

$$I_k = \int p_k(q_k, \alpha_1 \ldots \alpha_s)\, dq_k, \ (k=1 \ldots s) \quad \cdots (21)$$

bilden, wo die Integration über eine vollständige Oszillation von q_k zu erstrecken ist. Da im allgemeinen die Bahn überall dicht eine s-dimensionale Mannigfaltigkeit überdecken wird, die in der oben erwähnten charakteristischen Weise begrenzt ist, so folgt, daß, abgesehen von den Fällen der Entartung, eine Separation der Variabeln nicht für zwei verschiedene Koordinatenwahlen $q_1 \ldots q_s$ und $q'_1 \ldots q'_s$ möglich ist, es sei denn, daß $q_1 = f(q'_1), \ldots q_s = f(q'_s)$ ist; und weil eine Koordinatenwahl dieser Art die Werte der Ausdrücke (21) nicht verändert, so sieht man, daß die Werte der I für eine gegebene Bewegung des Systems vollständig bestimmt sind. Setzen wir daher:

$$I_k = n_k h, \ (k=1 \ldots s) \quad \cdots \cdots (22)$$

wo $n_1 \ldots n_s$ positive ganze Zahlen sind, so erhalten wir eine **Reihe von Bedingungen, die eine natürliche Verallgemeinerung der für ein System von *einem* Freiheitsgrade geltenden Bedingung (10) bilden.**

Da die I, wie man aus (21) sieht, nur von den Konstanten $\alpha_1 \ldots \alpha_s$ abhängen und nicht von den β, so können die α im allgemeinen umgekehrt aus den Werten der I erhalten werden. Der Charakter der Bewegung wird daher im allgemeinen vollständig durch die Bedingung (22) bestimmt sein; insbesondere wird durch sie der Wert für die Gesamtenergie, der nach (17) α_1 gleich ist, festgelegt. In den oben erwähnten Fällen der Entartung haben indes die Bedingungen (22) eine Vieldeutigkeit zur Folge; im allgemeinen wird es nämlich für solche Systeme eine unendliche Zahl von Koordinatensystemen geben, die eine Separation der Variabeln gestatten, und die bei Anwendung dieser Bedingungen zu verschiedenen Bewegungen in den stationären Zuständen führen. Wie wir aber unten sehen werden, wird diese Vieldeutigkeit nicht die eindeutige Bestimmung der Gesamtenergie in den stationären Zuständen beeinflussen, die die wesentliche Größe für die auf (1) gegründete Theorie der Spektren ist und für die Anwendung der Quantentheorie auf statistische Probleme.

Betrachten wir ein bekanntes charakteristisches Beispiel für ein bedingt periodisches System: Ein Teilchen bewege sich unter dem Einfluß von anziehenden Kräften, die von zwei festen Zentren ausgehen, und sich umgekehrt wie die Quadrate der Entfernungen von ihnen verhalten, wobei die relativistischen Abänderungen vernachlässigt werden. Wie Jacobi gezeigt hat, ist dieses Problem durch Variabelnseparation zu lösen, wenn sogenannte elliptische Koordinaten verwandt werden; d. h. wir haben als q_1 und q_2 zwei Parameter zu wählen, die ein Rotationsellipsoid bzw. Rotationshyperboloid charakterisieren, deren Brennpunkte in den Zentren liegen, und die durch die augenblickliche Lage des bewegten Teilchens hindurchgehen; als q_3 ist der Winkel zu wählen zwischen der durch das Teilchen und die Zentren gelegten Ebene und einer festen Ebene durch diese beiden Zentren oder, im engeren Anschluß an die oben gegebene allgemeine Darstellung, irgend eine stetige periodische Funktion dieses Winkels von der Periode 2π. Einen Grenzfall stellt ein Elektron dar, das um einen positiven Kern rotiert und der Wirkung eines homogenen elektrischen Zusatzfeldes unterworfen ist, da man sich vorstellen kann, dieses Feld werde von einem zweiten in unendlicher Entfernung vom ersten befindlichen Kerne erzeugt. Die Bewegung wird daher in diesem Falle bedingt periodisch sein und eine Variabelnseparation in parabolischen Koordinaten gestatten, wenn der Kern als Brennpunkt für beide Scharen von Rotationsparaboloiden gewählt wird und ihre Achsen parallel der Richtung der elektrischen Kraft. Indem sie die Bedingung (22) auf diese Bewegung anwandten, haben, wie in der Einleitung erwähnt, Epstein und Schwarzschild unabhängig voneinander eine Erklärung für die Wirkung des äußeren elektrischen Feldes auf die Linien des Wasserstoffspektrums erhalten, die sich in überzeugender Übereinstimmung mit Starks Messungen ergab. Auf die Ergebnisse dieser Berechnungen werden wir in Teil II zurückkommen.

In der obigen Darstellungsweise der allgemeinen Theorie sind wir dem von Epstein angewandten Verfahren gefolgt Durch Einführung der aus der astronomischen Störungstheorie bekannten, sogenannten „Winkelvariabeln" hat Schwarzschild der Theorie eine sehr elegante Form gegeben, in der sich die Analogie mit Systemen von einem Freiheitsgrad in etwas anderer Weise darstellt. Der Zusammenhang zwischen dieser Behandlung und der oben gegebenen ist ausführlich von Epstein[1]) erörtert worden.

Wie oben erwähnt, ist von den Bedingungen (22), die zuerst in Analogie mit der Bedingung für Systeme von einem Freiheitsgrade aufgestellt wurden, in der Folge allgemein nachgewiesen worden, daß sie mechanisch invariant sind jeder langsamen Transformation gegenüber, für die das System bedingt periodisch bleibt. Der Beweis für diese Invarianz wurde ganz kürzlich von Burgers[2]) gegeben mit Hilfe einer interessanten Anwendung der Theorie der Berührungstransformationen auf der Grundlage der Schwarzschildschen Einführung der Winkelvariabeln. Wir werden hier nicht auf diese Berechnungen eingehen, sondern nur einige Punkte im Zusammenhang mit dem Problem der mechanischen Transformierbarkeit der stationären Zustände zur Sprache bringen, die von Wichtigkeit für den logischen Zusammenhang der allgemeinen Theorie und für die späteren Anwendungen sind. Wie wir in § 2 sahen, ist es in dem Nachweis von der mechanischen Invarianz der Beziehung (10) für ein periodisches System von einem Freiheitsgrade wesentlich, daß die verhältnismäßige Änderung der äußeren Bedingungen während der Zeit einer Periode klein gemacht werden kann. Das kann als eine unmittelbare Folge aus der Art und Weise angesehen werden, wie die stationären Zustände in der Quantentheorie bestimmt werden. Die Antwort nämlich, auf die Frage, ob ein gegebener Zustand eines Systems stationär ist, wird nicht allein von der Bewegung der Teilchen in einem gegebenen Augenblick oder von dem Kraftfeld in der unmittelbaren Nachbarschaft seiner augenblicklichen Lagen abhängen, sondern kann nicht gegeben werden, ehe die Teilchen nicht

---

[1]) P. Epstein, Ann. d. Phys. **51**, 168 (1916); siehe auch die Anmerkung auf S. 39 dieser Arbeit.
[2]) J. M. Burgers, a. a. O. Versl. Akad. Amsterdam **25**, 1055 (1917).

durch einen vollständigen Zyklus von Zuständen hindurchgegangen sind und sozusagen Kenntnis vom ganzen Kraftfeld und dessen Wirkung auf die Bewegung genommen haben. Wenn sich z. B. im Falle eines periodischen Systems von einem Freiheitsgrad das Kraftfeld um einen gegebenen Betrag ändert, und seine verhältnismäßige Veränderung während der Zeit einer einzelnen Periode nicht klein war, so wird das Teilchen offenbar keine Möglichkeit haben, die Natur der Veränderung des Feldes kennen zu lernen, und seine stationäre Bewegung ihr anzupassen, ehe das neue Feld bereits hergestellt ist. Aus genau denselben Gründen ergibt sich als eine notwendige Bedingung für die mechanische Invarianz der stationären Zustände eines bedingt periodischen Systems: In einem Zeitraum, in dem das System angenähert durch sämtliche möglichen Konfigurationen in der oben erwähnten s-dimensionalen Mannigfaltigkeit im Koordinatenraum hindurchgegangen ist, kann die Änderung der äußeren Bedingungen beliebig klein gemacht werden. Diese Bedingung bildet daher auch einen wesentlichen Punkt in Burgers Beweis für die Invarianz der Bedingungen (22) mechanischen Transformationen gegenüber. Dementsprechend begegnen wir einer charakteristischen Schwierigkeit, wenn wir während der Transformation des Systems durch einen der oben erwähnten Fälle von Entartung hindurchgehen, wo für jede Wahl der Werte α die Bahn die s-dimensionale Mannigfaltigkeit nicht überall dicht bedecken wird, sondern auf eine niedriger dimensionale Mannigfaltigkeit beschränkt bleibt. Es ist klar, daß, wenn wir uns bei einer langsamen Transformation eines bedingt periodischen Systems einem solchen entarteten System nähern, der Zeitraum, den die Bahn braucht, um jeder möglichen Konfiguration nahe zu kommen, länger und länger wird und schließlich unendlich, wenn das entartete System erreicht ist. Daraus folgt, daß die Bedingungen (22) nicht mechanisch invariant bleiben, wenn wir durch ein entartetes System hindurchgehen; und das steht in engstem Zusammenhang mit der oben erwähnten Vieldeutigkeit in der Bestimmung der stationären Zustände von solchen Systemen nach (22).

Ein typisches Beispiel hierfür bildet ein System von mehreren Freiheitsgraden, für das jede Bewegung unabhängig von den Anfangsbedingungen einfach periodisch ist. In diesem, für die physikalischen Anwendungen sehr wichtigen Fall, haben wir nach (5) und (21) für jedes Koordinatensystem, in dem eine Separation der Variabeln möglich ist:

$$I = \int_0^\sigma (p_1 \dot{q}_1 + \cdots p_s \dot{q}_s)\, dt = \varkappa_1 I_1 + \cdots \varkappa_s I_s \quad \cdots \quad (23)$$

wo die Integration über eine Periode der Bewegung zu erstrecken ist, und die $\varkappa_1 \ldots \varkappa_s$ eine Reihe ganzer teilerfremder Zahlen bedeuten. Nun werden wir erwarten, daß jede Bewegung, für die es möglich ist, ein Koordinatensystem zu finden, in dem sie (22) genügt, stationär ist. Für jede solche Bewegung erhalten wir aus (23)

$$I = (\varkappa_1 n_1 + \cdots \varkappa_s n_s) h = n h \quad \cdots \cdots (24)$$

wo n eine ganze Zahl bedeutet, die alle positiven Werte annehmen kann, wenn, wie in den später zu erwähnenden Anwendungen, wenigstens eines der $\varkappa$ gleich 1 ist. Wenn umgekehrt das betrachtete System in einer unendlichen stetigen Mannigfaltigkeit von Koordinatensystemen eine Variabelnseparation gestattet, müssen wir schließen, daß allgemein jede (24) genügende Bewegung stationär sein wird, weil es im allgemeinen möglich sein wird, für jede solche Bewegung ein Koordinatensystem zu finden, in dem sie auch (22) genügt. So sieht man, daß für ein periodisches System von mehreren Freiheitsgraden, Bedingung (24) eine einfache Verallgemeinerung von Bedingung (10) darstellt. Aus der Beziehung (8), die für zwei Nachbarbewegungen jedes periodischen Systems gilt, folgt ferner, daß die Energie des Systems geradeso wie für Systeme von einem Freiheitsgrad vollständig durch den Wert von I bestimmt sein wird.

Wir wollen jetzt ein periodisches System in einem (24) genügenden stationären Zustand betrachten und annehmen, daß ein äußeres Feld langsam mit gleichmäßiger Geschwindigkeit hergestellt wird, und die Bewegung in jedem Augenblick während dieses Vorganges eine Variabelnseparation in einem gewissen Koordinatensystem gestattet. Würden wir annehmen, daß die Wirkung des Feldes auf die Bewegung des Systems in jedem Augenblick unmittelbar mit Hilfe der gewöhnlichen Mechanik berechnet werden könnte, so würden wir finden, daß die Werte der I in bezug auf diese Koordinaten während dieses Vorganges konstant bleiben; aber das würde zur Folge haben, daß die Werte der *n* in (22) im allgemeinen keine ganzen Zahlen wären, sondern durchaus von der zufälligen (24) genügenden Bewegung abhingen, die das System ursprünglich besaß. Daß jedoch die Mechanik im allgemeinen nicht unmittelbar angewandt werden kann, um die Bewegung eines periodischen Systems unter dem Einfluß eines wachsenden äußeren Feldes zu bestimmen, ist gerade das, was wir erwarten müssen auf Grund der Ausnahmestellung, die entartete Systeme mechanischen Transformationen gegenüber einnehmen. In der Tat, bei Anwesenheit eines kleinen äußeren Feldes wird die Bewegung eines periodischen Systems langsame Veränderungen in bezug auf Gestalt und Lage der Bahn erleiden, und wenn die gestörte Bewegung bedingt periodisch ist, so werden die Veränderungen von periodischer Natur sein. Formal können wir daher ein periodisches System, das der Einwirkung eines äußeren Feldes unterworfen ist, mit einem einfachen mechanischen System von einem Freiheitsgrad vergleichen, in welchem das Teilchen eine langsame oszillierende Bewegung ausführt. Nun ist die Frequenz einer langsamen Bahnänderung, wie wir sehen werden, der Intensität des äußeren Feldes proportional und es wird daher offenbar unmöglich sein, das äußere Feld mit so langsamer Geschwindigkeit herzustellen, daß die verhältnismäßige Änderung der Intensität während einer Periode der Bahnänderung klein ist. Der Vorgang also, der beim Wachsen des Feldes stattfindet, wird dem analog sein, der stattfindet, wenn ein oszillierendes Teilchen der Wirkung äußerer Kräfte unterworfen wird, die sich während einer Periode beträchtlich verändern. Gerade wie im allgemeinen ein solcher Vorgang Anlaß zur Emission oder Absorption von Strahlung gibt, und nicht mit Hilfe der gewöhnlichen Mechanik beschrieben werden kann, müssen wir erwarten, daß die Bewegung eines periodischen Systems von mehreren Freiheitsgraden bei der Herstellung eines äußeren Feldes nicht nach der gewöhnlichen Mechanik bestimmt werden kann, sondern daß das Feld Wirkungen derselben Art veranlassen wird, wie diejenigen, die bei einem von Strahlungsemission oder -absorption begleiteten Übergang von einem stationären Zustand zum andern auftreten. Folglich werden wir erwarten, daß während der Herstellung des Feldes das System im allgemeinen sich selbst auf irgend eine unmechanische Weise einstellen wird, bis ein stationärer Zustand erreicht ist, in dem die Frequenz (oder die Frequenzen) der oben erwähnten langsamen Bahnänderung eine Beziehung zu der vom äußeren Feld stammenden Zusatzenergie des Systems besitzt, die von derselben Art ist wie die durch (8) und (10) ausgedrückte Beziehung zwischen der Energie und der Frequenz eines periodischen Systems von einem Freiheitsgrade. Wie in Teil II im Zusammenhang mit den physikalischen Anwendungen gezeigt werden wird, ist diese Bedingung gerade gesichert, wenn die stationären Zustände bei der Anwesenheit des Feldes durch die Bedingungen (22) bestimmt sind. Und es wird sich zeigen, daß diese Betrachtungen ein Mittel an die Hand geben, die stationären Zustände eines gestörten Systems auch in Fällen zu bestimmen, in denen keine Variabelntrennung möglich ist.

Infolge der Ausnahmestellung, die die entarteten Systeme in der allgemeinen Theorie der stationären Zustände bedingt periodischer Systeme einnehmen, erhalten wir ein Mittel, **mechanisch zwei verschiedene stationäre Zustände eines gegebenen Systems durch eine stetige Folge stationärer Zustände zu verbinden**, ohne durch Systeme hindurchzugehen, in denen die Kräfte sehr klein sind, und die Energien für alle stationären Zustände in der Grenze zusammenfallen (vgl. S. 10). In der Tat, betrachten wir ein gegebenes bedingt periodisches System, das stetig in ein System übergeführt werden kann, für das jede Bahn periodisch ist; und für das jeder (24) genügende Zustand bei einer passenden Koordinatenwahl auch (22) genügt. Es ist dann erstens klar, daß man mechanisch durch eine stetige Reihe stationärer Zustände von einem Zustand, der einem gegebenen Wertesystem der n in (22) entspricht, zu jedem anderen solchen periodischen Zustand gelangen kann, für den $\varkappa_1 n_1 + \cdots + \varkappa_s n_s$ denselben Wert besitzt. Wenn überdies ein zweites periodisches System vom selben Charakter vorhanden ist, in das das erste stetig übergeführt werden kann, aber für das das System der $\varkappa$ verschieden ist, so wird es im allgemeinen möglich sein, durch eine passende zyklische Transformation auf mechanische Weise von einem stationären Zustand eines gegebenen bedingt periodischen Systems, das (22) genügt, zu einem anderen überzugehen.

Um ein Beispiel einer solchen zyklischen Transformation zu erhalten, wollen wir das System wählen, das aus einem um einen festen positiven Kern bewegten Elektron besteht; und zwar möge der Kern eine Anziehungskraft ausüben, die sich mit dem umgekehrten Quadrat der Entfernung verändert. Wenn wir die kleinen relativistischen Korrektionen vernachlässigen, so wird jede Bahn, unabhängig von den Anfangsbedingungen, periodisch sein, und das System eine Variabelntrennung gestatten, sowohl in Polarkoordinaten als auch in jedem System elliptischer Koordinaten von der S. 27 erwähnten Art, wenn der Ort des Kerns als einer der Brennpunkte angenommen wird. Man sieht leicht, daß jede Bahn, die (24) für einen Wert $n > 1$ genügt, auch (22) bei passender Wahl der elliptischen Koordinaten befriedigen wird. Indem wir uns einen anderen unendlich schwach geladenen Kern in den anderen Brennpunkt gelegt denken, kann die Bahn weiter in eine andere übergeführt werden, die (24) für denselben Wert von n genügt, die aber jeden gegebenen Wert für die Exzentrizität besitzen kann. Wir wollen jetzt einen (24) genügenden Zustand des Systems betrachten und annehmen, daß durch das erwähnte Mittel die Bahn ursprünglich so eingestellt ist, daß sie in ebenen Polarkoordinaten $n_1 = m$ und $n_2 = n - m$ in (16) entspricht. Dann wollen wir das System einer langsamen stetigen Umformung unterwerfen, während der das auf das Elektron wirkende Kraftfeld zentral bleibt, durch die aber das Anziehungsgesetz allmählich abgeändert wird, bis die Kraft dem Abstand direkt proportional ist. Im Endzustand sowohl als im Anfangszustand wird die Bahn des Elektrons geschlossen sein. Aber während der Transformation wird die Bahn nicht geschlossen sein, und das Verhältnis zwischen der mittleren Periode der Umdrehung und der Periode der Radialbewegung, das bei der ursprünglichen Bewegung gleich 1 war, wird während der Transformation stetig zunehmen, bis es im Endzustand gleich 2 ist. Das bedeutet, daß beim Gebrauch von Polarkoordinaten die Werte von $\varkappa_1$ und $\varkappa_2$ in (24), die für den ersten Zustand $\varkappa_1 = \varkappa_2 = 1$ waren, für den zweiten Zustand $\varkappa_1 = 2$ und $\varkappa_2 = 1$ sind. Da während der Transformation n_1 und n_2 ihre Werte behalten, so erhalten wir daher im Endzustande $I = h[2m + (n-m)] = h(n+m)$. Nun gestattet im letzten Zustand das System nicht nur in Polarkoordinaten, sondern auch in jedem System rechtwinkliger cartesischer Koordinaten eine Variabelnseparation, und bei passender Wahl der Achsenrichtungen können wir erreichen, daß jede Bahn, die (24) für einen Wert $n > 1$ genügt, auch (22) befriedigen wird. Durch eine unendlich kleine Änderung der Kraftkomponenten in den Achsenrichtungen, derart, daß die Bewegungen in diesen Richtungen unabhängig voneinander bleiben, aber ein wenig verschiedene Perioden besitzen, wird es weiter möglich sein, die elliptische Bahn mechanisch in eine solche zu transformieren, die jedem gegebenen Achsenverhältnis entspricht. Wir wollen nun annehmen, daß auf diese Weise die Bahn des Elektrons in eine Kreisbahn übergeführt ist, so daß wir, wenn wir zu Polarkoordinaten zurückkehren, $n_1 = 0$, und $n_2 = n + m$ haben; und wir wollen dann durch eine langsame Transformation das Anziehungsgesetz ändern bis die Kraft wieder umgekehrt proportional dem Quadrat der Entfernung ist. Man sieht, daß, wenn dieser Zustand erreicht ist, die Bewegung wieder (24) genügt, aber diesmal haben wir $I = h(n+m)$ statt $I = nh$ wie im ursprünglichen Zustand. Durch Wiederholung eines derartigen zyklischen Prozesses können wir von jedem stationären Zustand des betrachteten Systems, der (24) für einen Wert $n > 1$ genügt, in jeden anderen solchen Zustand übergehen, ohne in irgend einem Augenblick das Gebiet der stationären Zustände zu verlassen.

Die Theorie der mechanischen Transformierbarkeit der stationären Zustände gibt uns auch ein Mittel an die Hand, die

Frage zu erörtern, welche apriorische Wahrscheinlichkeit den verschiedenen Zuständen eines bedingt periodischen Systems zukommt, die durch verschiedene Wertsysteme der n in (22) charakterisiert sind. Aus den in § 1 erwähnten Betrachtungen folgt nämlich, daß, wenn die apriorische Wahrscheinlichkeit der stationären Zustände eines gegebenen Systems bekannt ist, es sofort möglich ist, die Wahrscheinlichkeiten für die stationären Zustände jedes anderen Systems daraus abzuleiten, in das das erste System stetig transformiert werden kann, ohne durch ein entartetes hindurchzugehen. Nun scheint es nach der Analogie mit Systemen von einem Freiheitsgrad notwendig anzunehmen, daß für ein System von mehreren Freiheitsgraden, für das die den verschiedenen Koordinaten entsprechenden Bewegungen dynamisch voneinander unabhängig sind, die apriorische Wahrscheinlichkeit dieselbe ist für alle verschiedenen Wertsystemen von n in (15) entsprechenden Zuständen. Nach den früheren Betrachtungen werden wir daher annehmen: Wenn ein System in stetiger Weise aus einem der oben erwähnten Art erhalten werden kann, ohne durch entartete Systeme hindurchzugehen, so besitzen alle seine durch (22) gegebenen Zustände dieselbe apriorische Wahrscheinlichkeit. Man bemerkt, daß wir auf Grund dieser Annahme genau dieselbe Beziehung zur gewöhnlichen Theorie der statistischen Mechanik im Grenzfall großer n erhalten, wie für den Fall von Systemen von einem Freiheitsgrad. Bestimmen wir nämlich für ein bedingt periodisches System, das durch (11) gegebene Volumen eines Elementes im Phasenraum, bestehend aus allen Punkten $q_1 \ldots q_s, p_1 \ldots p_s$, denen Zustände von einem zwischen I_k und $I_k + \delta I_k$ gelegenen I_k entsprechen, wo I_k durch (21) gegeben ist. Man sieht sofort, daß dieses Volumen gleich [1])

$$\delta W = \delta I_1 \delta I_2 \ldots \delta I_s \quad \cdots \cdots \cdots \cdots (25)$$

ist, wenn die Koordinaten so gewählt sind, daß die jedem Freiheitsgrad entsprechende Bewegung von oszillatorischem Typus ist. Das Volumen im Phasenraum, das durch s Paare von Flächen begrenzt wird, denen aufeinanderfolgende Werte von n in den Bedingungen (22) entsprechen, wird daher gleich h^s sein, und folglich dasselbe für jede Kombination der n. Im Grenzfall, wo die n große Zahlen sind, und sich die aufeinanderfolgenden

---

[1]) Vgl. A. Sommerfeld, Ber. Akad. München, 1917. S. 83.

Werten von n entsprechenden stationären Zustände nur sehr wenig voneinander unterscheiden, erhalten wir somit dasselbe Ergebnis auf Grund der Annahme einer gleichen apriorischen Wahrscheinlichkeit für alle verschiedenen Wertsystemen der $n_1 n_2 \ldots n_s$ in (22) entsprechenden stationären Zustände, wie wir durch direkte Anwendung der gewöhnlichen statistischen Mechanik erhalten würden.

Die Tatsache, daß diese Betrachtungen für jedes nicht entartetete bedingt periodische System gelten, legt die Annahme nahe, daß **im allgemeinen die apriorische Wahrscheinlichkeit dieselbe sein wird für alle durch (22) bestimmten Zustände**, selbst wenn es nicht möglich sein sollte, das gegebene System in ein System von unabhängigen Freiheitsgraden ohne Durchgang durch entartete Systeme überzuführen. Wie sich im nächsten Teile zeigen wird, läßt sich diese Annahme stützen durch die Betrachtung der Intensitäten der verschiedenen Komponenten im Stark-Effekt der Wasserstofflinien. Wenn wir indes ein entartetes System betrachten, dürfen wir nicht annehmen, daß die verschiedenen stationären Zustände a priori gleich wahrscheinlich sind. In solchem Fall werden die stationären Zustände durch eine geringere Zahl von Bedingungen bestimmt, als die Zahl der Freiheitsgrade beträgt, und die Wahrscheinlichkeit eines gegebenen Zustandes muß bestimmt werden aus der Zahl der verschiedenen stationären Zustände eines nicht entarteten Systems, die im gegebenen Zustand zusammenfallen, wenn das nicht entartete System stetig in das betrachtete entartete übergeführt wird.

Als Beispiel hierfür wollen wir den einfachen Fall eines entarteten Systems betrachten, das aus einem in einer ebenen Bahn in einem Zentralfeld bewegten elektrischen Teilchen besteht, und dessen stationäre Zustände durch die beiden Bedingungen (16) gegeben sind. In diesem Falle ist die Bahnebene unbestimmt, und es folgt bereits aus einem Vergleich mit der gewöhnlichen statistischen Mechanik, daß die apriorische Wahrscheinlichkeit der durch verschiedene Kombinationen von n_1 und n_2 in (16) charakterisierten Zustände nicht dieselbe sein kann. Eine einfache Rechnung[1]) ergibt nämlich, daß das Phasen-

---

[1]) Siehe A. Sommerfeld, a. a. O.

volumen, das Zuständen mit einem I_1 zwischen I_1 und $I_1 + \delta I_1$ und einem I_2 zwischen I_2 und $I + \delta I_2$ entspricht, gleich $\delta W = 2 I_2 \delta I_1 \delta I_2$ ist, wenn die Bewegung durch gewöhnliche Polarkoordinaten beschrieben wird. Für große Werte von n_1 und n_2 müssen wir daher erwarten, daß die apriorische Wahrscheinlichkeit eines einer gegebenen Kombination $(n_1 n_2)$ entsprechenden Zustandes proportional mit n_2 ist. Die Frage nach der apriorischen Wahrscheinlichkeit von Zuständen, die kleinen Werten von n entsprechen, ist durch Sommerfeld erörtert worden in Verbindung mit dem Problem der Intensitäten der verschiedenen Komponenten in der Feinstruktur der Wasserstofflinien. Auf Grund von Betrachtungen über das Phasenvolumen, das man den durch die verschiedenen Kombinationen $(n_1 n_2)$ charakterisierten Zuständen zuordnen könnte, schlägt Sommerfeld mehrere voneinander verschiedene Ausdrücke für die apriorische Wahrscheinlichkeit solcher Zustände vor. Die notwendige Willkür indes, die mit der Wahl dieser Phasenausdehnungen verbunden ist, hat zur Folge, daß wir auf diese Weise keine theoretische Bestimmung der apriorischen Wahrscheinlichkeiten für Zustände erhalten können, die kleinen Werten der n_1 und n_2 entsprechen. Andererseits kann diese Wahrscheinlichkeit abgeleitet werden, wenn man die Bewegung des betrachteten Systems als die Entartung einer Bewegung ansieht, die wie bei den allgemeinen Anwendungen der Bedingungen (22) auf ein System von drei Freiheitsgraden durch drei Zahlen n_1, n_2 und n_3 charakterisiert ist. Eine solche Bewegung kann man z. B. erhalten, wenn man das System der Wirkung eines schwachen homogenen magnetischen Feldes ausgesetzt denkt. In gewisser Beziehung liegt dieser Fall außerhalb des Bereiches der in diesem Paragraphen erörterten allgemeinen Theorie der bedingt periodischen Systeme; wie wir aber im zweiten Teil sehen werden, läßt sich einfach zeigen, daß die Anwesenheit des magnetischen Feldes der Bewegung in den stationären Zuständen die weitere Bedingung auferlegt, daß der Drehimpuls um die Feldachse gleich $n' \dfrac{h}{2\pi}$ ist, unter n' eine positive ganze Zahl verstanden, die gleich oder kleiner als n_2 ist, und die für das in Spektralproblemen betrachtete System von Null verschieden angenommen werden muß. Berücksichtigt man die zwei entgegengesetzten Drehsinne, in denen das Teilchen um die Feldachse rotieren kann, so sieht man daher, daß für dieses System ein Zustand, der einer gegebenen Kombination von n_1 und n_2 entspricht, bei Anwesenheit des Feldes, auf $2\,n_2$ verschiedene Weisen hergestellt werden kann. Die apriorische Wahrscheinlichkeit für die verschiedenen Zustände des Systems kann folglich für alle Kombinationen von n_1 und n_2 der Zahl n_2 proportional angenommen werden.

Die eben erwähnte Annahme, daß der Drehimpuls um die Feldachse nicht Null sein kann, wird aus Betrachtungen von Systemen abgeleitet, für welche die besonderen Kombinationen der n in (22) entsprechende Bewegung physikalisch unmöglich sein würde wegen irgend einer Singularität in ihrem Charakter. In solchen Fällen müssen wir annehmen, daß es keinen stationären Zustand gibt, der den betrachteten Kombinationen $(n_1, n_2 \ldots n_s)$ entspricht, und auf Grund des oben besprochenen Prinzips von der Invarianz der apriorischen Wahrscheinlichkeit bei gegebenen stetigen Transformationen werden wir demgemäß annehmen, daß die apriorische Wahrscheinlichkeit irgend eines anderen Zustandes, der stetig in einen dieser Zustände ohne Durchgang durch Fälle der Entartung übergeführt werden kann, auch gleich Null sein wird.

Wir wollen jetzt dazu übergehen, das Spektrum eines bedingt periodischen Systems zu betrachten, wie es sich mit Hilfe der Beziehung (1) aus den Werten der Energie in den stationären Zuständen berechnet. Wenn $E(n_1 \ldots n_s)$ die Gesamtenergie eines durch (22) bestimmten stationären Zustandes bedeutet, und ν die Frequenz einer Linie, die dem Übergang von einem durch $n_k = n_k'$ zu einem durch $n_k = n_k''$ charakterisierten stationären Zustand entspricht, so haben wir:

$$\nu = \frac{1}{h}\left[E(n_1' \ldots n_s') - E(n_1'' \ldots n_s'')\right] \quad \ldots \ldots (26)$$

Im allgemeinen wird dieses Spektrum vollständig verschieden sein von demjenigen, das man nach der gewöhnlichen Elektrodynamik auf Grund der Systembewegung zu erwarten hat. Aber gerade wie für ein System von einem Freiheitsgrad werden wir sehen, daß in der Grenze, wo sich die Bewegungen in benachbarten stationären Zuständen nur sehr wenig voneinander unterscheiden, eine enge Beziehung zwischen dem auf Grund der

Quantentheorie berechneten Spektrum besteht und dem nach der gewöhnlichen Elektrodynamik zu erwartenden. Ferner werden wir wie in § 2 sehen, daß dieser Zusammenhang zu gewissen allgemeinen Betrachtungen über die Wahrscheinlichkeit des Überganges von einem stationären Zustand zu einem anderen führt und über die Natur der dabei auftretenden Strahlung, und unsere Überlegungen werden eine Stütze in den Beobachtungen finden. Um diese Frage zu erörtern, werden wir zunächst einen allgemeinen Ausdruck für die Energiedifferenz zweier Nachbarzustände eines bedingt periodischen Systems ableiten, und zwar in einfacher Weise durch eine Rechnung, die der in § 2 zur Ableitung der Beziehung (8) aufgestellten analog ist.

Wir wollen irgend eine Bewegung eines bedingt periodischen Systems betrachten, das in einem gewissen Koordinatensystem $q_1 \ldots q_s$ Variabelnseparation gestattet und annehmen, daß zur Zeit $t = \vartheta$ die Phase des Systems in naher Annäherung dieselbe ist wie zur Zeit $t = 0$. Indem wir ϑ genügend groß wählen, können wir diese Annäherung beliebig weit treiben. Wenn wir darauf eine bedingt periodische Bewegung betrachten, die aus der ersten durch eine kleine Variation hervorgeht, und die eine Variabelnseparation in einem von dem Koordinatensystem $q_1 \ldots q_s$ wenig abweichenden Koordinatensystems $q'_1 \ldots q'_s$ gestattet, so erhalten wir mit Hilfe der Hamiltonschen Gleichungen (4) unter Benutzung der Koordinaten $q'_1 \ldots q'_s$:

$$\int_0^\vartheta \delta E \, dt = \int_0^\vartheta \sum_1^s \left(\frac{\partial E}{\partial p'_k} \delta p'_k + \frac{\partial E}{\partial q'_k} \delta q'_k \right) dt = \int_0^\vartheta \sum_1^s (\dot{q}'_k \delta p'_k - \dot{p}'_k \delta q'_k) \, dt.$$

Durch partielle Integration des zweiten Gliedes in der Klammer ergibt das:

$$\int_0^\vartheta \delta E \, dt = \int_0^\vartheta \sum_1^s \delta(\dot{p}'_k q'_k) \, dt - \left| \sum_1^s p'_k \delta q'_k \right|_{t=0}^{t=\vartheta} \quad \cdots \quad (27)$$

Nun haben wir für die unvariierte Bewegung:

$$\int_0^\vartheta \sum_1^s p'_k \dot{q}'_k \, dt = \int_0^\vartheta \sum_1^s p_k \dot{q}_k \, dt = \sum_1^s N_k I_k,$$

wo I_k durch (21) definiert ist und N_k die Zahl der von q_k im Zeitraum ϑ ausgeführten Oszillationen bedeutet. Für die variierte Bewegung haben wir andererseits:

$$\int_0^\vartheta \sum_1^s p'_k \dot{q}'_k \, dt = \int_{t=0}^{t=\vartheta} \sum_1^s p'_k \, dq'_k = \sum_1^s N_k \, I'_k + \left| \sum_1^s p'_k \, \delta q'_k \right|_{t=0}^{t=\vartheta},$$

wo die I' der bedingt periodischen Bewegung in den Koordinaten $q'_1, \ldots q'_s$ entsprechen und die in dem letzten Gliede auftretenden $\delta q'$ dieselben wie die in (27) sind. Indem wir daher $I'_k - I_k = \delta I_k$ setzen, erhalten wir aus (27):

$$\int_0^\vartheta \delta E \, dt = \sum_1^s N_k \, \delta I_k \qquad (28)$$

In dem besonderen Falle, daß die variierte Bewegung eine ungestörte ist, die zu demselben System wie die unvariierte gehört, erhalten wir daher, da δE konstant ist:

$$\delta E = \sum_1^s \omega_k \, \delta I_k \qquad (29)$$

wo $\omega_k = \dfrac{N_k}{\vartheta}$ die mittlere Frequenz der Oszillation von q_k zwischen seinen Grenzen ist, genommen über einen Zeitraum von derselben Größenordnung wie ϑ. Diese Gleichung bildet eine einfache Verallgemeinerung von (8), und in dem allgemeinen Fall, in dem eine Variabelnseparation nur in einem Koordinatensystem möglich ist und daher zu einer vollständigen Definition der I führt, hätte sie unmittelbar abgeleitet werden können aus der auf der Einführung der Winkelvariabeln[1] beruhenden analytischen Theorie

---

[1] Siehe Charlier, Die Mechanik des Himmels Bd. I, Abt. 2 und besonders P. Epstein, Ann. d. Phys. **51**, 178 (1916). Mit Hilfe des bekannten Satzes von Jacobi über die Transformation der Variabeln in den Hamiltonschen kanonischen Gleichungen kann der von Epstein in der erwähnten Arbeit erörterte Zusammenhang zwischen dem Begriff der Winkelvariabeln und den Größen I kurz auf folgende elegante Weise auseinandergesetzt werden, wie mir Herr H. A. Kramers freundlich mitgeteilt hat. Betrachten wir die Funktion $S(q_1 \ldots q_s, I_1 \ldots I_s)$, die man aus (20) erhält, wenn man für die a ihre durch die Gleichungen (21) gegebenen Ausdrücke als Funktionen der I einsetzt. Diese Funktion wird eine mehrdeutige Funktion der q sein, die um I_k wächst, wenn q_k eine Oszillation zwischen seinen Grenzen beschreibt und, zu seinem ursprünglichen Werte zurückkehrt, während die anderen q ungeändert bleiben. Führen wir daher ein neues Variabelnsystem $w_1 \ldots w_s$ ein, das durch

$$w_k = \frac{\partial S}{\partial I_k} \quad (k = 1 \ldots s) \qquad (1^*)$$

definiert ist, so sieht man, daß w_k um eine Einheit zunimmt, während die anderen w zu ihren ursprünglichen Werten zurückkehren, wenn q_k eine Oszillation der Periodizitätseigenschaften von bedingt periodischen Bewegungen. Aus (29) folgt überdies, daß, wenn das System eine Variabelnseparation in einer unendlichen stetigen Mannigfaltigkeit von Koordinatensystemen zuläßt, die Gesamtenergie dieselbe für alle denselben Werten der I entsprechenden Bewegungen ist, unabhängig von dem besonderen bei der Berechnung dieser Größen zugrunde gelegten Koordinatensystem. Wie wir daher oben erwähnt und schon für den Fall rein periodischer Systeme mit Hilfe von (8) nachgewiesen haben, ist die Gesamtenergie daher auch in Fällen von Entartung vollständig durch die Bedingungen (22) bestimmt.

zwischen seinen Grenzen beschreibt, und die anderen q konstant bleiben. Umgekehrt ergibt sich daher, daß die q und auch die p, die durch

$$p_k = \frac{\partial S}{\partial q_k} \quad (k = 1 \ldots s) \quad \cdots \cdots \cdots \quad (2^*)$$

gegeben waren, wenn sie als Funktionen der w und der I betrachtet werden, periodische Funktionen von jedem der w mit der Periode 1 sind. Nach dem Fourierschen Satz kann daher jedes der q durch eine s-fache trigonometrische Reihe der Form

$$q = \Sigma A_{\tau_1 \ldots \tau_s} \cos 2\pi (\tau_1 w_1 + \cdots \tau_s w_s + a_{\tau_1 \ldots \tau_s}) \cdots \quad (3^*)$$

dargestellt werden, wo die A und a von den I abhängige Konstanten sind, und die Summation über alle ganzen Werte von $\tau_1 \ldots \tau_s$ zu erstrecken ist. Auf Grund dieser Eigenschaft der w werden die Größen $2\pi w_1 \ldots 2\pi w_s$ als „Winkelvariabeln" bezeichnet. Nun folgt aus (1*) und (2*) nach dem oben erwähnten Jacobischen Satz (siehe z. B. Jacobi, Vorlesungen über Dynamik § 37), daß die zeitlichen Veränderungen der I und w durch

$$\frac{dI_k}{dt} = -\frac{\partial E}{\partial w_k}, \quad \frac{dw_k}{dt} = \frac{\partial E}{\partial I_k}, \quad (k = 1, \ldots s) \quad \cdots \cdot (4^*)$$

gegeben werden, wo die Energie E als eine Funktion der I und w anzusehen ist. Da indes E durch die I allein bestimmt ist, so erhalten wir aus (4*), abgesehen von dem selbstverständlichen Ergebnis, daß die I während der Bewegung konstant bleiben, auch noch, daß die w sich linear mit der Zeit verändern und durch die Gleichungen:

$$w_k = \omega_k t + \delta_k, \quad \omega_k = \frac{\partial E}{\partial I_k} (k = 1, \ldots s) \quad \cdots \cdot (5^*)$$

dargestellt werden können, wo δ_k eine Konstante ist und ω_k offenbar der mittleren Oszillationsfrequenz von q_k gleich ist. Aus (5*) folgt sofort die Gleichung (28), und wenn man (5*) in (3*) einführt, erhält man ferner das Ergebnis, daß jedes der q und also auch jede eindeutige Funktion der q durch einen Ausdruck von der Form (31) dargestellt werden kann.

In diesem Zusammenhang mag bemerkt werden, daß die auf S. 28 erwähnte Schwarzschildsche Methode zur Bestimmung der stationären Zustände eines bedingt periodischen Systems in folgendem Verfahren besteht: Man

Wir wollen jetzt einen Übergang von einem durch (22) bestimmten stationären Zustand zu einem anderen solchen betrachten, indem wir $n_k = n'_k$, bzw. $= n''_k$ setzen, und annehmen, daß $n'_1 \ldots n'_s$, $n''_1 \ldots n''_s$ große Zahlen sind, und daß die Differenzen $n'_k - n''_k$ klein sind im Vergleich mit diesen Zahlen. Da die Bewegungen des Systems in diesen Zuständen verhältnismäßig sehr wenig voneinander abweichen werden, können wir die Energiedifferenz nach (29) berechnen und erhalten daher mit Hilfe von (1) für die dem Übergang entsprechende Strahlungsfrequenz die Formel:

$$\nu = \frac{1}{h}(E' - E'') = \frac{1}{h}\sum_1^s \omega_k (I'_k - I''_k) = \sum_1^s \omega_k (n'_k - n''_k) \cdot \cdot \cdot (30)$$

die ersichtlich eine unmittelbare Verallgemeinerung des Ausdruckes (13) in § 2 bildet.

Ganz ähnlich wie für ein rein periodisches System von einem Freiheitsgrad wird in der oben erwähnten analytischen Theorie der Bewegung bedingt periodischer Systeme nachgewiesen, daß die Koordinaten $q_1 \ldots q_s$ eines solchen Systems und folglich auch die Verrückungen der Teilchen in jeder vorgegebenen Richtung

---

sucht für ein gegebenes System ein System kanonisch konjugierter Variabeln $Q_1 \ldots Q_s$, $P_1 \ldots P_s$ von der Art, daß die Lagenkoordinaten $q_1 \ldots q_s$ des Systems und ihre konjugierten Impulse $p_1 \ldots p_s$ als Funktionen der Q und P periodisch in jedem der Q mit der Periode 2π sind, während die Energie des Systems allein von den P abhängt. In Analogie zu der Bedingung, die in der Sommerfeldschen Theorie der zentralen Systeme den Drehimpuls bestimmt, setzt darauf Schwarzschild jedes der P gleich einem ganzen Vielfachen von $\frac{h}{2\pi}$. Im Gegensatz aber zu der Theorie der stationären Zustände bedingt periodischer Systeme, die auf die Möglichkeit der Variabelntrennung und die Bestimmung der I durch (22) gegründet ist, führt diese Methode nicht zu einer absoluten Bestimmung der stationären Zustände, weil, wie schon von Schwarzschild selbst bemerkt, die obige Definition der P in jeder dieser Größen eine willkürliche Konstante unbestimmt läßt. In vielen Fällen lassen sich indes diese Konstanten in einfacher Weise aus Betrachtungen über die mechanische Transformierbarkeit stationärer Zustände bestimmen und wie von Burgers (l. c., Vers. Akad. Amsterdam **25**, 1055 (1917) gezeigt, besitzt die Schwarzschildsche Methode andererseits den wesentlichen Vorteil, daß sie auf gewisse Klassen von Systemen angewandt werden kann, für die sich die Verrückungen der Teilchen durch trigonometrische Reihen von der Form (31) darstellen lassen, für die sich aber nicht die Bewegungsgleichungen in irgend einem bestimmten Koordinatensystem durch Variabelntrennung lösen lassen. Eine interessante von Burgers hierfür gegebene Anwendung auf das Spektrum rotierender Moleküle wird in Teil IV erwähnt werden.

als Funktion der Zeit durch eine s-fach unendliche Fouriersche Reihe ausgedrückt werden können von der Form:

$$\xi = \sum C_{\tau_1 \ldots \tau_s} \cos 2\pi [(\tau_1 \omega_1 + \cdots \tau_s \omega_s) t + c_{\tau_1 \ldots \tau_s}] \quad (31)$$

wo die Summation über alle positiven und negativen Werte der τ zu erstrecken ist und die ω die oben erwähnten mittleren Frequenzen der Oszillationen für die verschiedenen q sind. Die Konstanten $C_{\tau_1 \ldots \tau_s}$ hängen nur von den α in den Gleichungen (18) ab, oder, was dasselbe ist, von den I, während die Konstanten $c_{\tau_1 \ldots \tau_s}$ von den α sowohl wie von den β abhängen. Im allgemeinen werden die Größen $\tau_1 \omega_1 \ldots \tau_s \omega_s$ verschieden sein für irgend zwei verschiedene Wertsysteme der τ, und im Laufe der Zeit wird die Bahn überall dicht eine gewisse s-dimensionale Mannigfaltigkeit bedecken. Im Falle der Entartung aber, wo die Bahn auf eine niedriger dimensionale Mannigfaltigkeit beschränkt ist, gibt es für alle Werte der α eine oder mehrere Beziehungen von der Form: $m_1 \omega_1 + \cdots + m_s \omega_s = 0$, wo die m ganze Zahlen sind. Führt man diese Beziehungen in den Ausdruck (31) ein, so läßt er sich auf eine weniger als s-fach unendliche Fouriersche Reihe reduzieren. So haben wir in dem besonderen Fall eines Systems, für das jede Bahn periodisch ist,
$\frac{\omega_1}{\varkappa_1} = \cdots \frac{\omega_s}{\varkappa_s} = \omega$, wo die $\varkappa$ die in Gleichung (23) vorkommenden Zahlen sind, und die Fourierschen Reihen für die Verrückungen in den verschiedenen Richtungen in diesem Falle nur aus Ausdrücken von der einfachen Form $C_\tau \cos 2\pi (\tau \omega t + c_\tau)$ bestehen, geradeso wie für ein System von einem Freiheitsgrad.

Auf Grund der gewöhnlichen Theorie der Strahlung sollten wir nach (31) erwarten, daß das von einem System in einem gegebenen Zustand emittierte Spektrum aus einer s-fach unendlichen Reihe von Linien bestehe, deren Schwingungszahlen gleich $\tau_1 \omega_1 + \cdots + \tau_s \omega_s$ sind. Im allgemeinen würde dieses Spektrum vollständig verschieden von dem durch (26) gegebenen sein. Das folgt bereits aus dem Umstand, daß die ω von den Werten der Konstanten $\alpha_1 \ldots \alpha_s$ abhängen und sich stetig verändern beim Durchlaufen der stetigen Mannigfaltigkeit der mechanisch möglichen Zustände, die den verschiedenen Wertsystemen für diese Konstanten entsprechen. So werden im allgemeinen die ω ganz verschieden sein für zwei verschiedene stationäre Zustände, die verschiedenen Wertsystemen der n in (22) entsprechen, und wir können keine engere Beziehung zwischen dem nach der Quantentheorie berechneten Spektrum erwarten und dem sich nach der gewöhnlichen Mechanik und Elektrodynamik ergebenden. In der Grenze indes, wo die n in (22) große Zahlen sind, wird das Verhältnis der ω für zwei $n_k = n'_k$ bzw. $n_k = n''_k$ entsprechende stationäre Zustände der Einheit zustreben, wenn die Differenzen $n'_k - n''_k$ klein im Vergleich mit den n sind, und wie aus (30) ersichtlich, wird das nach (1) und (22) berechnete Spektrum in dieser Grenze schließlich mit dem Spektrum zusammenfallen, das man nach der gewöhnlichen Strahlungstheorie auf Grund der Bewegung des Systems zu erwarten hat.

Soweit also Frequenzen in Frage kommen, sieht man, daß es für bedingt periodische Systeme einen Zusammenhang zwischen der Quantentheorie und der gewöhnlichen Strahlungstheorie von genau derselben Art gibt wie der, der in § 2 für den einfachen Fall periodischer Systeme von einem Freiheitsgrade nachgewiesen wurde. Nun würden nach der gewöhnlichen Elektrodynamik die Koeffizienten $C_{\tau_1 \ldots \tau_s}$ in den Ausdrücken (31) für die Verrückungen der Teilchen nach den verschiedenen Richtungen in der bekannten Weise die Intensität und die Polarisation der emittierten Strahlung von der entsprechenden Frequenz $\tau_1 w_1 + \cdots \tau_s w_s$ bestimmen. Wie für Systeme von einem Freiheitsgrad müssen wir daher schließen, daß in dem Grenzfall großer n die Wahrscheinlichkeit eines spontanen Überganges von einem stationären Zustand eines bedingt periodischen Systems zu einem anderen, ebenso wie die Polarisation der begleitenden Strahlung unmittelbar aus den Werten der Koeffizienten $C_{\tau_1 \ldots \tau_s}$ in (31) bestimmt werden können, die einem durch $\tau_k = n'_k - n''_k$ gegebenen Wertsystem der τ entsprechen, wenn $n'_1 \ldots n'_s$ und $n''_1 \ldots n''_s$ die Zahlen sind, die die beiden stationären Zustände charakterisieren.

Ohne eine eingehende Theorie von dem Übergangsmechanismus zu besitzen, können wir natürlich im allgemeinen nicht zu einer genauen Bestimmung der Wahrscheinlichkeit für einen spontanen Übergang von einem stationären Zustand zum anderen gelangen, außer wenn die n große Zahlen sind. Gerade aber wie in dem Fall der Systeme von einem Freiheitsgrad werden wir, ausgehend von den obigen Betrachtungen zu der

Annahme geführt, daß es auch für nicht große Werte der n einen innigen Zusammenhang geben muß zwischen der Wahrscheinlichkeit eines vorgegebenen Überganges und den Werten des entsprechenden Fourierschen Koeffizienten in den Ausdrücken für die Verschiebungen der Teilchen in den beiden stationären Zuständen. Das erlaubt uns sofort, gewisse wichtige Folgerungen zu ziehen. So berechtigt uns der Umstand, daß im allgemeinen in (31) sowohl negative als positive Werte für die τ auftreten, zu erwarten, es seien im allgemeinen nicht nur solche Übergänge möglich, in denen alle n abnehmen, sondern auch solche, bei denen einige der n zunehmen, während andere abnehmen. Diese Folgerung, die durch Beobachtungen sowohl über die Feinstruktur der Wasserstofflinien als über den Stark-Effekt gestützt wird, widerspricht der von Sommerfeld ausgesprochenen Vermutung, daß wegen des wesentlich positiven Charakters der I jedes n während eines Überganges konstant bleiben muß oder nur abnehmen kann. Eine andere unmittelbare Folgerung aus den obigen Überlegungen erhalten wir, wenn wir ein System betrachten, für das der Koeffizient $C_{\tau_1} \ldots C_{\tau_s}$, der gewissen Werten $\tau_1^0 \ldots \tau_s^0$ der τ entspricht für alle Werte der Konstanten $\alpha_1 \ldots \alpha_s$ verschwindet. In diesem Fall werden wir natürlicherweise erwarten, daß kein Übergang möglich sein wird, für den die Beziehung $n_k' - n_k'' = \tau_k^0$ für jedes k befriedigt ist. In dem Falle, wo $C_{\tau_1^0} \ldots \tau_s^0$ nur in den Ausdrücken für die Verschiebungen in einer gewissen Richtung verschwindet, werden wir erwarten, daß alle Übergänge, bei denen $n_k' - n_k'' = \tau_k^0$ für alle k ist, von einer Strahlung begleitet sind, die in einer auf dieser Richtung senkrecht stehenden Ebene polarisiert ist.

Ein einfaches Beispiel für diese letzten Betrachtungen bietet das im Anfang des Paragraphen erwähnte System. Ein Teilchen soll nach drei aufeinander senkrecht stehenden Richtungen voneinander unabhängige Bewegungen ausführen. In diesem Falle werden in dem Ausdruck für die Verrückungen in jeder Richtung alle Fourierschen Koeffizienten verschwinden, wenn mehr als eines der τ von Null verschieden sind. Folglich müssen wir annehmen, daß nur solche Übergänge möglich sind, für die sich zur selben Zeit nur eines der n ändert, und daß die einem solchen Übergang entsprechende Strahlung linear polarisiert ist in der Richtung der Verschiebung der entsprechenden Koordinate. In dem besonderen Fall, daß die Bewegungen in den drei Richtungen einfach harmonisch sind, werden wir überdies schließen, daß keines der n sich um mehr als eine einzige Einheit ändern kann, in Analogie mit den im vorigen Paragraphen angestellten Betrachtungen über einen linearen harmonischen Oszillator.

Ein anderes Beispiel, daß mehr unmittelbare physikalische Bedeutung besitzt, da es alle in der Einleitung erwähnten besonderen Anwendungen der Quantentheorie auf Spektralprobleme umfaßt, wird von einem bedingt periodischen System gebildet, das eine Symmetrieachse besitzt. In allen diesen Anwendungen läßt sich eine Variabelntrennung in einem System von drei Koordinaten q_1, q_2 und q_3 ausführen, von denen die ersten beiden dazu dienen, die Lage des Teilchens in einer durch die Systemachse gelegten Ebene zu bestimmen, während die letzte gleich dem Winkelabstand zwischen dieser und einer festen durch eben dieselbe Systemachse gelegten Ebene ist. Aus Symmetriegründen wird der Ausdruck für die Gesamtenergie in den Hamiltonschen Gleichungen den Winkelabstand q_3 nicht enthalten, sondern nur das Impulsmoment p_3 um die Symmetrieachse. Diese letzte Größe wird folglich während der Bewegung erhalten bleiben, und die Veränderung der q_1 und q_2 genau dieselbe sein wie in einem bedingt periodischen System von nur zwei Freiheitsgraden. Wird daher die Lage des Teilchens in einem System von Zylinderkoordinaten z, ϱ, ϑ beschrieben, unter z die Verrückung in der Achsenrichtung, unter ϱ die Entfernung des Teilchens von der Achse verstanden und unter ϑ den Winkelabstand q_3, so haben wir

und
$$z = \sum C_{\tau_1, \tau_2} \cos 2\pi \{(\tau_1 \omega_1 + \tau_2 \omega_2)t + c_{\tau_1, \tau_2}\} \cdots \quad (32)$$
$$\varrho = \sum C'_{\tau_1, \tau_2} \cos 2\pi \{(\tau_1 \omega_1 + \tau_2 \omega_2)t + c'_{\tau_1, \tau_2}\},$$

wo die Summation über alle positiven und negativen ganzen Werte von τ_1 und τ_2 zu erstrecken ist, und wo ω_1 und ω_2 die mittleren Oszillationsfrequenzen der Koordinaten q_1 und q_2 sind. Für die Änderungsgeschwindigkeit von ϑ mit der Zeit haben wir ferner

$$\frac{d\vartheta}{dt} = \dot{q}_3 = \frac{\partial E}{\partial p_3} = f(q_1, q_2, p_1, p_2, p_3)$$
$$= \pm \sum C''_{\tau_1, \tau_2} \cos 2\pi \{(\tau_1 \omega_1 + \tau_2 \omega_2)t + c''_{\tau_1, \tau_2}\}.$$

4*

Hier entsprechen die beiden Vorzeichen einer Drehung des Teilchens in Richtung der wachsenden und abnehmenden q_3 und sind eingeführt worden, um die beiden Typen symmetrischer diesen Richtungen entsprechender Bewegungen zu trennen. Durch Integration erhält man

$$\pm \vartheta = 2\pi \omega_3 t + \sum C'''_{\tau_1, \tau_2} \cos 2\pi \{(\tau_1 \omega_1 + \tau_2 \omega_2) t + c'''_{\tau_1, \tau_2}\} \quad (33)$$

wo die positive Konstante $\omega_3 = \dfrac{1}{2\pi} C'''_{\infty}$ die mittlere Umdrehungsfrequenz um die Symmetrieachse des Systems bedeutet. Wenn wir nun die Verschiebung des Teilchens in rechtwinkligen Koordinaten x, y und z betrachten, und wie oben die Symmetrieachse als z-Achse wählen, so erhalten wir aus (32) und (33) nach einer einfachen Zusammenziehung von Gliedern:

$$x = \varrho \cos \vartheta = \sum D_{\tau_1, \tau_2} \cos 2\pi \{(\tau_1 \omega_1 + \tau_2 \omega_2 + \omega_3) t + d_{\tau_1, \tau_2}\} \quad (34)$$
$$y = \varrho \sin \vartheta = \pm \sum D_{\tau_1, \tau_2} \sin 2\pi \{(\tau_1 \omega_1 + \tau_2 \omega_2 + \omega_3) t + d_{\tau_1, \tau_2}\},$$

wo die D und d neue Konstanten sind, und die Summation wieder über alle positiven und negativen Werte τ_1 und τ_2 zu erstrecken sind.

Wie man aus (32) und (34) ersieht, läßt sich die Bewegung im vorliegenden Falle aus einer Zahl von linearen harmonischen Schwingungen zusammengesetzt ansehen, die der Symmetrieachse parallel sind und Frequenzen gleich den absoluten Beträgen von $(\tau_1 \omega_1 + \tau_2 \omega_2)$ besitzen. Hierzu kommt eine Zahl zirkular harmonischer Bewegungen um diese Achse mit Frequenzen gleich den absoluten Beträgen von $(\tau_1 \omega_1 + \tau_2 \omega_2 + \omega_3)$, die denselben oder den entgegengesetzten Drehsinn wie das bewegte Teilchen besitzen, je nachdem der letztgenannte Ausdruck positiv oder negativ ist. Nach der gewöhnlichen Elektrodynamik würde daher die von dem System ausgehende Strahlung aus einer Zahl Komponenten von der Frequenz $|\tau_1 \omega_1 + \tau_2 \omega_2|$ bestehen, die parallel der Symmetrieachse polarisiert sind und aus einer Zahl Komponenten von den Frequenzen $|\tau_1 \omega_1 + \tau_2 \omega_2 + \omega_3|$, die zirkular um die Achse polarisiert sind (wenn in der Achsenrichtung beobachtet wird). Auf Grund der hier entwickelten Theorie werden wir daher erwarten, daß in diesem Falle nur zwei Arten von Übergängen von einem durch (22) gegebenen stationären Zustand zu einem anderen möglich sein werden. Bei beiden Arten können n_1 und n_2 sich um eine beliebige Zahl von Einheiten verändern, aber bei der ersten Übergangsart, die Anlaß zu einer zur Achse parallel polarisierten Strahlung gibt, wird n_3 ungeändert bleiben, während bei der zweiten Übergangsart n_3 um eine Einheit abnehmen oder zunehmen wird und die ausgesandte Strahlung um diese Achse in demselben bzw. entgegengesetzten Drehsinn zirkular polarisiert ist wie die Drehung des Teilchens stattfindet.

Im nächsten Teile werden wir sehen, daß diese Folgerungen in lehrreicher Weise eine Stütze finden durch Beobachtungen über die Wirkungen elektrischer und magnetischer Felder auf das Wasserstoffspektrum. Im Zusammenhang mit der Erörterung der allgemeinen Theorie mag indes der Nachweis von Interesse sein, daß sich die formale Analogie zwischen der gewöhnlichen und der auf (1) und (22) beruhenden Strahlungstheorie für achsensymmetrische Systeme nicht nur im Hinblick auf Frequenzbeziehungen herstellen läßt, sondern auch durch Betrachtungen über die Erhaltung des Drehimpulses. Für ein bedingt periodisches System, das eine Symmetrieachse besitzt, ist der Drehimpuls um diese Achse bei der obigen Koordinatenwahl nach (22) gleich $\frac{I_3}{2\pi} = n_3 \frac{h}{2\pi}$. Wenn daher, wie oben für einen einer Emission von linear polarisiertem Licht entsprechenden Übergang angenommen, n_3 sich nicht ändert, so bedeutet das, daß der Drehimpuls des Systems erhalten bleibt; während, wenn sich n_3 um eine Einheit ändert, wie das für einen der Emission von zirkular polarisiertem Licht entsprechenden Übergang angenommen wurde, der Drehimpuls sich um $\frac{h}{2\pi}$ ändern wird.

Nun ist leicht zu sehen, daß das Verhältnis zwischen dem Betrag des Drehimpulses und dem Energiebetrag $h\nu$, der während des Übergangs ausgesandt wird, gerade gleich ist dem Verhältnis zwischen dem Betrag des Drehimpulses und der Energie in der Strahlung, die nach der gewöhnlichen Elektrodynamik von einem in einer Kreisbahn in einem zentralen Kraftfeld rotierenden Elektron ausgesandt würde. Wenn nämlich a den Bahnradius, ν die Umdrehungsfrequenz und F die von dem elektromagnetischen Strahlungsfeld herrührende Reaktionskraft bedeutet, so würde der Betrag der Energie und der des Drehimpulses um eine durch das Zentrum des Feldes senkrecht zur Bahnebene gelegte Achse, die dem Elektron in der Zeiteinheit infolge der

Strahlung verloren gehen, gleich $2\pi\nu aF$ bzw. aF sein. Nach den in der gewöhnlichen Elektrodynamik geltenden Prinzipien von der Erhaltung der Energie und des Drehimpulses sollten wir daher erwarten, daß das Verhältnis zwischen der Energie und dem Drehimpuls der ausgesandten Strahlung $2\pi\nu$[1]) ist. Aber das ist offenbar gleich dem Verhältnis zwischen der Energie $h\nu$ und dem Drehimpuls $\frac{h}{2\pi}$, die dem oben betrachteten System bei einem Übergang verloren gehen, für den nach unserer Annahme die Strahlung zirkular polarisiert ist. Diese Übereinstimmung scheint nicht nur für die Gültigkeit der obigen Betrachtungen zu sprechen, sondern auch unabhängig von den Gleichungen (22) eine unmittelbare Stütze für die Annahme zu sein, daß für ein **Atomsystem mit einer Symmetrieachse der gesamte Drehimpuls um diese Achse gleich einem ganzen Vielfachen von $\frac{h}{2\pi}$ ist.**

Ein weiteres Beispiel zur Erläuterung unserer Betrachtungen über die Beziehungen zwischen der Quantentheorie und der gewöhnlichen Strahlungstheorie bietet ein **bedingt periodisches System, das der Einwirkung eines kleinen störenden Kraftfeldes unterworfen ist.** Wir wollen annehmen, daß das ursprüngliche System eine Variabelntrennung in einem bestimmten Koordinatensystem $q_1 \ldots q_s$ zuläßt, so daß die stationären Zustände durch (22) bestimmt sind. Aus der notwendigen Stabilität der stationären Zustände müssen wir schließen, daß das gestörte System eine Schar stationärer Zustände besitzt, die nur wenig von denen des ursprünglichen abweichen. Im allgemeinen wird es freilich nicht möglich sein, für das gestörte System in irgend einem Koordinatensystem eine Variabelntrennung vorzunehmen, wenn aber die störende Kraft hinreichend klein ist, wird die gestörte Bewegung wieder von bedingt periodischem Typus sein und kann ebenso wie die ursprüngliche Bewegung als eine Überlagerung einer Anzahl harmonischer Schwingungen angesehen werden. Die Verrückungen der Teilchen in den stationären Zuständen des gestörten Systems werden daher durch einen Ausdruck vom selben Typus wie (31) gegeben werden, in dem

---

[1]) Vgl. K. Schaposchnikow, Phys. Zeitschr. **15**, 454 (1914).

die Grundfrequenzen ω_k und die Amplituden $C_{\tau_1 \ldots \tau_s}$ sich von denen, die den stationären Zuständen des ursprünglichen Systems entsprechen, durch kleine der Intensität der störenden Kräfte proportionale Größen unterscheiden können. Wenn daher für die ursprüngliche Bewegung die Koeffizienten $C_{\tau_1 \ldots \tau_s}$, die einer bestimmten Kombination der τ entsprechen, für alle Werte der Konstanten $\alpha_1 \ldots \alpha_s$ verschwinden, so werden diese Koeffizienten für die gestörte Bewegung im allgemeinen kleine den störenden Kräften proportionale Werte besitzen. Auf Grund der obigen Betrachtungen werden wir daher erwarten, daß außer den im ursprünglichen System vorhandenen Wahrscheinlichkeiten für spontane Übergänge von einem stationären Zustand zum anderen, im gestörten System auch noch kleine Wahrscheinlichkeiten für neue Übergänge vorhanden sein werden, die den oben erwähnten Kombinationen der τ entsprechen. Folglich werden wir erwarten, daß die Wirkung eines störenden Feldes auf das Spektrum eines Systems teils in einer kleinen Verschiebung der ursprünglichen Linien bestehen wird, teils in dem Erscheinen neuer Linien von geringer Intensität.

Ein einfaches Beispiel hierfür bietet ein Teilchen, das sich in einer Ebene bewegt, und in zwei aufeinander senkrechten Richtungen harmonische Schwingungen mit den Frequenzen ω_1 und ω_2 ausführt. Wenn das System ungestört ist, werden alle Koeffizienten C_{τ_1, τ_2} Null sein, außer $C_{1,0}$ und $C_{0,1}$. Wenn indes das System gestört ist, z. B. durch ein beliebiges kleines zentrales Kraftfeld, wird in den Fourierschen Ausdrücken für die Verrückungen des Teilchens außer den den Grundfrequenzen ω_1 und ω_2 entsprechenden Hauptgliedern noch eine Anzahl kleiner Glieder auftreten, die Frequenzen $\tau_1 \omega_1 + \tau_2 \omega_2$ entsprechen, unter τ_1 und τ_2 ganze Zahlen verstanden, positive sowohl wie negative. Auf Grund unserer Theorie werden wir daher erwarten, daß bei der Anwesenheit der störenden Kraft kleine Wahrscheinlichkeiten für neue Übergänge auftreten werden, und daß diese Anlaß zu Strahlungen geben werden, die analog den sogenannten Obertönen und Kombinationstönen der Akustik sind, gerade wie es nach der gewöhnlichen Strahlungstheorie zu erwarten wäre, in der ein unmittelbarer Zusammenhang zwischen der ausgesandten Strahlung und der Bewegung des Systems angenommen wird. Ein anderes Beispiel, das mehr unmittelbare Anwendung auf die

Physik gestattet, bietet die Anregung neuer Spektrallinien durch ein äußeres homogenes elektrisches Feld. In diesem Falle ist das Potential der störenden Kraft eine lineare Funktion von den Koordinaten der Teilchen; und, was auch die Natur des ursprünglichen Systems sei, es folgt unmittelbar aus der allgemeinen Störungstheorie: Die Frequenz irgend eines Zusatzgliedes in dem Ausdruck für die gestörte Bewegung, das von derselben Größenordnung wie die äußere Kraft ist, muß der Summe oder Differenz von zwei Frequenzen der harmonischen Schwingungen entsprechen, in die die ursprüngliche Bewegung aufgelöst werden kann. Mit Anwendungen dieser Betrachtungen werden wir uns in Teil II im Zusammenhang mit der Erörterung der Sommerfeldschen Theorie über die Feinstruktur der Wasserstofflinien zu beschäftigen haben und in Teil III im Zusammenhang mit der Frage nach dem Erscheinen von neuen Serien in den Spektren anderer Elemente unter dem Einfluß starker äußerer elektrischer Felder.

Wie erwähnt, können wir nicht ohne eine genauere Theorie von dem Übergangsmechanismus allgemein quantitative Aufschlüsse erhalten über die Intensitäten der verschiedenen Linien in dem durch (26) gegebenen Spektrum eines bedingt periodischen Systems, von dem Grenzfall abgesehen, daß die n große Zahlen sind oder in solchen besonderen Fällen, in denen für alle Werte der Konstanten $\alpha_1 \ldots \alpha_s$ gewisse Koeffizienten $C_{\tau_1, \ldots \tau_s}$ in (31) verschwinden. Nach Analogieschlüssen müssen wir indes erwarten, daß es auch im allgemeinen Falle möglich sein wird, zu einer Abschätzung der Intensitäten der verschiedenen Spektrallinien auf folgende Weise zu gelangen: Man hat die Intensität einer gegebenen Spektrallinie, die einem Übergang von einem durch die Zahlen $n_1' \ldots n_s'$ zu einem durch die Zahlen $n_1'' \ldots n_s''$ charakterisierten Zustand entspricht, mit den Intensitäten der Strahlungen von den Frequenzen $\omega_1(n_1' - n_1'') + \ldots + \omega_s(n_s' - n_s'')$ zu vergleichen, die nach der gewöhnlichen Elektrodynamik für die Bewegungen in diesen Zuständen zu erwarten wären. Natürlich wird aber diese Abschätzung um so unsicherer, je kleiner die Werte für die n sind. Wie man aus den in den folgenden Teilen zu erwähnenden Anwendungen ersehen wird, finden diese Überlegungen eine allgemeine Stütze durch den Vergleich mit den Beobachtungen.

Teil II[1]).
Über das Wasserstoffspektrum.

§ 1. Die einfache Theorie des Serienspektrums des Wasserstoffs.

Bekanntlich lassen sich für das Wasserstoffspektrum die Frequenzen der Serienlinien, abgesehen von der Feinstruktur der einzelnen Linien, die durch Instrumente von hohem Auflösungsvermögen aufgedeckt wird, durch die Formel:

$$\nu = K\left(\frac{1}{n''^2} - \frac{1}{n'^2}\right) \quad \ldots \ldots \ldots (35)$$

darstellen, wo K eine Konstante ist, und n' und n'' ein Paar ganzer Zahlen, die für die verschiedenen Linien des Spektrums verschieden sind. Nach den im ersten Paragraphen des ersten Teiles erörterten allgemeinen Grundsätzen der Quantentheorie der Linienspektren müssen wir daher erwarten: das System, das dieses Spektrum aussendet, besitzt eine Reihe stationärer Zustände, für die der numerische Wert der Energie im $n$ten Zustand, von einer willkürlichen Konstanten abgesehen, mit einem hohen Grade von Annäherung durch die Formel:

$$|E_n| = \frac{Kh}{n^2} \quad \ldots \ldots \ldots \ldots (36)$$

gegeben ist, wo h die in der Grundbeziehung (1) auftretende Plancksche Konstante bedeutet.

Nun muß man nach der Rutherfordschen Theorie des Atombaus erwarten, daß ein neutrales Wasserstoffatom aus einem Elektron besteht und aus einem positiven Kern von einer gegen die Elektronmasse sehr großen Masse, und daß diese sich unter dem Einfluß einer gegenseitigen dem Entfernungsquadrat umgekehrt proportionalen Anziehungskraft bewegen. Nehmen wir an, daß die Bewegung in den stationären Zuständen durch die

---

[1]) Im Original erschienen Dezember 1918.

gewöhnliche Mechanik bestimmt werden kann und vernachlässigen wir für den Augenblick die kleinen durch die Relativitätstheorie geforderten Änderungen, so finden wir, daß beide Teilchen elliptische Bahnen beschreiben mit ihrem gemeinsamen Schwerpunkt als einen der Brennpunkte; und aus den bekannten Gesetzen für die Keplersche Bewegung finden wir, daß die Umdrehungsfrequenz ω und die große Achse $2a$ der relativen Bahn der Teilchen ganz unabhängig von der Exzentrizität der Bahn gegeben ist durch:

$$\omega = \sqrt{\frac{2\,W^3\,(M+m)}{\pi^2\,N^2\,e^4\,Mm}}, \quad 2a = \frac{Ne^2}{W} \quad \cdots \cdots (37)$$

wo W die Arbeit bedeutet, die notwendig ist, um das Elektron in unendliche Entfernung von dem Kern zu bringen, während Ne und M die Ladung und die Masse des Kerns sind und $-e$ und m die Ladung und die Masse des Elektrons.

Wie in Teil I ausgeführt, wird es im allgemeinen keinen einfachen Zusammenhang geben zwischen der Bewegung eines Systems in den stationären Zuständen und dem Spektrum, das während eines Überganges ausgesandt wird. Wir werden indessen erwarten, daß ein derartiger Zusammenhang in dem Grenzfall vorhanden sein wird, wo die Bewegungen in aufeinanderfolgenden stationären Zuständen sich verhältnismäßig wenig voneinander unterscheiden. Im gegenwärtigen Fall verlangt dieser Zusammenhang zunächst, daß die Umdrehungsfrequenz bei wachsendem n der Null zustrebt. Nach (36) und (37) können wir daher den Wert von W im n ten Zustand gleich

$$W_n = \frac{Kh}{n^2} \quad \cdots \cdots \cdots \cdots (38)$$

setzen.

Da ferner (35) in der Form

$$\nu = (n'-n'')\,K\,\frac{n'+n''}{n'^2\,n''^2}$$

geschrieben werden kann, ersieht man, daß die asymptotische Beziehung

$$\omega_n = \frac{2K}{n^3} \quad \cdots \cdots \cdots \cdots (39)$$

für die Umlaufsfrequenz notwendig gelten muß, wenn wir verlangen, daß bei den Übergängen von einem stationären Zustand

n' zu einem anderen n'' die Frequenz der ausgesandten Strahlung in dem Grenzfall, wo n' und n'' groß gegen $n'-n''$ sind, einer der Frequenzen zustreben soll, die das System in diesen Zuständen nach der gewöhnlichen Elektrodynamik aussenden würde.

Aber aus (37) und (38) ist zu sehen, daß (39) die Gültigkeit der Beziehung

$$K = \frac{2\pi^2 N^2 e^4 Mm}{h^3 (M+m)} = \frac{2\pi^2 N^2 e^4 m}{h^3 \left(1+\dfrac{m}{M}\right)} \quad \ldots \ldots (40)$$

verlangt.

Wie in früheren Arbeiten nachgewiesen, ergibt sich tatsächlich die Gültigkeit dieser Beziehung innerhalb der Grenzen der Beobachtungsfehler, wenn wir $N=1$ setzen und für e, m und h die Werte einführen, die aus Messungen an anderen Erscheinungen abgeleitet sind, ein Ergebnis, das als starke Stütze für die Gültigkeit der allgemeinen, im ersten Teil erörterten Prinzipien angesehen werden kann, sowohl wie für die Richtigkeit des betrachteten Atommodells. Ferner zeigte sich, daß, wenn in der Formel (35) für das Wasserstoffspektrum die Konstante K durch eine viermal größere ersetzt wird, diese Formel mit einem hohen Grade von Annäherung die Frequenzen eines Spektrums darstellt, das vom Helium ausgesandt wird, wenn dieses Gas einer kondensierten Entladung unterworfen wird. Das war zu erwarten nach Rutherfords Theorie, der zufolge ein neutrales Heliumatom zwei Elektronen enthält und einen Kern, der doppelt so stark geladen ist wie der des Wasserstoffatoms. Ein Heliumatom, dem ein Elektron entzogen ist, wird daher ein dem neutralen Wasserstoffatom vollständig ähnliches dynamisches System bilden und wird, so dürfen wir erwarten, ein durch (35) dargestelltes Spektrum aussenden, wenn wir in (40) $N=2$ setzen. Überdies hat eine nähere Vergleichung des betrachteten Heliumspektrums mit dem Wasserstoffspektrum gezeigt, daß der Wert der Konstanten K in jenem nicht genau viermal so groß wie in diesem ist, sondern daß das Verhältnis zwischen diesen Konstanten innerhalb der Grenzen der Beobachtungsfehler mit dem nach (40) zu erwartenden Wert übereinstimmt unter Berücksichtigung der Massenverschiedenheit, die den Kernen der Wasserstoff- und Heliumatome, entsprechend den verschiedenen Atomgewichten dieser Elemente, zugeschrieben werden muß[1]).

Wenn wir den durch (40) gegebenen Ausdruck für K in die Formeln (37) und (38) einführen, so finden wir für die Werte von W, ω und $2a$ in den stationären Zuständen:

$$\left.\begin{array}{c} W_n = \dfrac{1}{n^2}\dfrac{2\pi^2 N^2 e^4 Mm}{h^2(M+m)}, \quad \omega_n = \dfrac{1}{n^3}\dfrac{4\pi^2 N^2 e^4 Mm}{h^3(M+m)}, \\ 2a_n = n^2\dfrac{h^2(M+m)}{2\pi^2 Ne^2 Mm} \end{array}\right\} \ldots (41)$$

Nun wissen wir, daß in einem mechanischen System wie das betrachtete, für das jede Bewegung unabhängig von den Anfangsbedingungen periodisch ist, der Wert der Gesamtenergie vollständig durch den Wert der durch Gleichung (5) in Teil I definierten Größe I bestimmt ist. Wie schon erwähnt, folgt dies unmittelbar aus der Beziehung (8), die zugleich zeigt, daß in einem System, für das jede Bewegung periodisch ist, die Frequenz vollständig durch I oder durch die Energie allein bestimmt ist. Für den Wert von I in den stationären Zuständen des Wasserstoffatoms erhalten wir mit Hilfe von (8) aus (37) und ·(41), da in diesem Falle I offenbar beim Unendlichwerden von W verschwindet, die Gleichung:

$$I = \int_{W_n}^{\infty} \frac{dW}{\omega} = \sqrt{\frac{\pi^2 N^2 e^4 Mm}{2(M+m)}} \int_{W_n}^{\infty} W^{-3/2} dW$$
$$= \sqrt{\frac{2\pi^2 N^2 e^4 Mm}{W_n(M+m)}} = nh.$$

Wir sehen, dieses Ergebnis ist in Übereinstimmung mit Bedingung (24), die sich, wie in Teil I erwähnt, als unmittelbare Verallgemeinerung der Bedingung (10) für Systeme von mehreren Freiheitsgraden darbietet; diese Bedingung, die die stationären Zustände eines Systems von einem Freiheitsgrade bestimmt, bildet wiederum nach dem Ehrenfestschen Prinzip von der mechanischen Transformierbarkeit der stationären Zustände die natürliche Verallgemeinerung der Planckschen Grundformel (9) für die möglichen Energiewerte eines linearen harmonischen Oszillators.

---

[1]) Für Literaturnachweise sei der Leser auf die in der Einleitung angeführten Arbeiten verwiesen.

In diesem Zusammenhang mag bemerkt werden, daß die oben erörterte Beziehung zwischen dem Wasserstoffspektrum und der Bewegung im Atom für den Grenzfall kleiner Umlaufszahlen vollständig analog ist der allgemeinen, im zweiten Paragraphen des ersten Teiles erörterten Beziehung zwischen dem nach der Quantentheorie zu erwartenden Spektrum eines Systems von einem Freiheitsgrad, dessen stationären Zustände durch (10) bestimmt sind, und der Bewegung des Systems in diesen Zuständen. Zugleich bemerken wir, daß im Falle des Wasserstoffs diese Beziehung mit sich bringt, daß die Bewegung der Teilchen in den stationären Zuständen des Atoms im allgemeinen nicht einfach harmonisch sein werden, oder mit anderen Worten, daß die Bahn des Elektrons im allgemeinen keine Kreisbahn sein wird. Wäre nämlich die Bewegung der Teilchen einfach harmonisch wie die eines Planckschen Oszilators, so müßten wir auf Grund der in Teil I angestellten Betrachtungen erwarten, daß kein Übergang von einem stationären Zustand zu einem anderen möglich wäre, für den sich n' und n'' um mehr als eine Einheit unterschieden; aber das würde offenbar den Beobachtungen widersprechen, da z. B. die Linien der gewöhnlichen Balmerserie nach der Theorie Übergängen entsprechen, für die $n'' = 2$ ist, während n' die Werte $3, 4, 5 \ldots$ annimmt. Im Zusammenhang mit dieser Betrachtung mag bemerkt werden, daß, indem man sich einer aus der Akustik bekannten Bezeichnungsweise bedient, vom Standpunkt der Quantentheorie die höheren Glieder der Balmerserie ($n' = 4, 5, \ldots$) als die „Obertöne" des ersten Gliedes ($n' = 3$) angesehen werden können, obwohl natürlich die Frequenzen jener Linien keineswegs ganze Vielfache der Frequenzen von dieser sind.

Während es nun auf dem oben bezeichneten Wege möglich war, zu einer einfachen Deutung der Hauptzüge des Wasserstoffspektrums zu gelangen, hat es sich nicht als möglich erwiesen, auf diese Weise auch in Einzelheiten solche Erscheinungen zu erklären, bei denen die Abweichung der Bewegung der Teilchen von der einfachen Keplerschen eine wesentliche Rolle spielt. Dies gilt für die Feinstruktur der Wasserstofflinien, die von der kleinen Massenänderung des Elektrons mit seiner Geschwindigkeit herrührt, sowie für die charakteristischen Wirkungen von äußeren elektrischen und magnetischen Feldern auf die Wasserstofflinien. Wie in der Einleitung erwähnt, wurde ein Fortschritt von grundlegender Bedeutung in der Behandlung solcher Probleme durch Sommerfeld gemacht, der zu einer überzeugenden Erklärung der Feinstruktur der Wasserstofflinien gelangte: In seiner Theorie der stationären Zustände von zentralen Systemen ersetzte er nämlich die eine Bedingung $I = nh$ durch die zwei Bedingungen (16); weiter wurde dann diese Theorie durch Epstein und Schwarzschild entwickelt, die auf dieser Grundlage weiterbauend, die allgemeine auf die Bedingungen (22) gegründete Theorie für die stationären Zustände eines bedingt periodischen Systems aufstellten, dessen Bewegungsgleichungen durch Variabelnseparation in der Hamilton-Jacobischen partiellen Differentialgleichung gelöst werden können. Wenn das Wasserstoffatom einem homogenen elektrischen oder magnetischen Felde ausgesetzt ist, so bildet es ein System dieser Gattung; und wie von Epstein und Schwarzschild für den Starkeffekt und von Sommerfeld und Debye für den Zeemaneffekt gezeigt, ergibt die betrachtete Theorie in den stationären Zuständen solche Energiewerte des Atoms, daß die Frequenzen der Beziehung (1) gemäß der bei einem Übergang ausgesandten Strahlungen mit den gemessenen Frequenzen der Komponenten der durch diese Felder aufgespaltenen Wasserstofflinien in Übereinstimmung sind. Wie in Teil I nachgewiesen, ist es überdies möglich, die Frage nach den Intensitäten und Polarisationen dieser Komponenten zu beleuchten; man hat dazu die notwendige formale Beziehung zugrunde zu legen zwischen der Quantentheorie der Linienspektren und der gewöhnlichen Strahlungstheorie für den Grenzfall, daß die Bewegungen in aufeinanderfolgenden Zuständen sich nur sehr wenig voneinander unterscheiden. In den folgenden Paragraphen werden die erwähnten Fragen ausführlich behandelt werden. Was die Bestimmung der stationären Zustände betrifft, so werden wir uns indessen nicht des von den eben genannten Forschern angewandten Verfahrens bedienen, das auf einer unmittelbaren Anwendung der Bedingungen (22) beruht, sondern werden sehen, wie die Bedingungen, um die stationären Zustände des gestörten Atoms zu bestimmen, durch eine unmittelbare Verfolgung der kleinen Abweichungen in der Bewegung des Elektrons von einer einfachen Keplerschen Bahn erhalten werden können. Auf diese Weise scheint es möglich, die in Teil I erörterten Grundsätze unmittelbarer zu erläutern, und wir werden überdies sehen, daß das betreffende Verfahren auch in Fällen angewandt werden kann, in denen die Methode der Variabelnseparation versagt.

In Teil III soll das Problem der Serienspektren anderer Elemente von einem ähnlichen Gesichtspunkte aus behandelt werden. Wie der Verfasser in einer früheren Arbeit gezeigt hat, erhält man eine einfache Erklärung der unverkennbaren Analogie zwischen diesen Spektren und dem des Wasserstoffs auf Grund des Umstandes, daß die Atomsysteme, die an der Emission der betrachteten Spektren beteiligt sind, im gewissen Sinne als gestörte Wasserstoffatome angesehen werden können. Andererseits erhielt man zuerst Anhaltspunkte für eine Deutung des charakteristischen Unterschiedes zwischen dem Wasserstoffspektrum und den Spektren anderer Elemente durch die oben erwähnte Sommerfeldsche Theorie der stationären Zustände zentraler Systeme.

Wie von Sommerfeld gezeigt, kann man auf Grund dieser Theorie in großen Zügen die bekannten, die Frequenzen der Serienspektren der Elemente beherrschenden Gesetze erklären; und, wie in Teil III nachgewiesen wird, ist es auf diese Weise möglich, auf der Grundlage der formalen, zwischen der Quantentheorie und der gewöhnlichen Strahlungstheorie bestehenden Beziehung eine einfache Erklärung zu erhalten für die Gesetze der bemerkenswerten Unterschiede in den Intensitäten der Linien, die nach dem Kombinationsprinzip das ganze betrachtete Spektrum bilden würden. Was jedoch die ins einzelne gehende Erörterung dieser Spektren betrifft, so darf man nicht vergessen, daß die Berücksichtigung der von den inneren Elektronen in den Atomen der Elemente gespielten Rolle ein viel verwickelteres Problem darstellt, als der störende Einfluß eines konstanten äußeren Feldes auf das Wasserstoffatom. Für die Behandlung dieses Problemes scheint die auf den Bedingungen (22) aufgebaute Theorie bedingt periodischer Systeme nicht auszureichen, während sich, wie sich in Teil III wird zeigen lassen, die im folgenden dargestellte Störungstheorie auch in diesem Falle bewährt.

§ 2. Die stationären Zustände eines gestörten periodischen Systems.

Wie im ersten Teil gezeigt, lassen sich die stationären Zustände eines periodischen Systems von mehreren Freiheitsgraden bei Anwesenheit eines kleinen äußeren störenden Kraftfeldes nicht unmittelbar dadurch bestimmen, daß man auf Grund des allgemeinen Prinzips von der mechanischen Transformierbarkeit der stationären Zustände den Einfluß betrachtet, den nach der gewöhnlichen Mechanik die langsame Herstellung eines äußeren Feldes auf irgend einen willkürlich gewählten stationären Zustand des ungestörten Systems ausüben würde (siehe S. 30, Teil I). Das ist eine unmittelbare Folge des in dem vorigen Paragraphen erwähnten Umstandes, daß die stationären Zustände des gestörten Systems durch eine größere Zahl außermechanischer Bedingungen charakterisiert werden als die des ungestörten. Andererseits führt uns die allgemeine formale Beziehung zwischen der Quantentheorie der Linienspektren und der gewöhnlichen Strahlungstheorie zu der Erwartung, man müsse zu Aufschlüssen über die stationären Zustände eines gestörten Systems gelangen, wenn man unmittelbar die langsamen Änderungen betrachtet, die die periodische Bahn als Folge der mechanischen von dem äußeren Feld auf die Bewegung ausgeübten Wirkung erleidet. Sind nämlich diese Änderungen vom periodischen oder bedingt periodischen Typus, so dürfen wir erwarten, daß bei Anwesenheit des äußeren Feldes die Werte der Zusatzenergie in den stationären Zuständen zu der kleinen Frequenz oder den Frequenzen der Störungen in einer analogen Beziehung stehen, wie die Energie zu der Frequenz oder den Frequenzen in den stationären Zuständen eines gewöhnlichen periodischen oder bedingt periodischen Systems.

In dem Falle, daß die Bewegungsgleichungen des gestörten Systems mit Hilfe einer Variabelnseparation gelöst werden können, ist, wie leicht zu sehen, diese Bedingung erfüllt, wenn die stationären Zustände durch die Bedingungen (22) bestimmt sind. Wir wollen z. B. ein System betrachten, für das jede Bahn periodisch ist, und annehmen, daß bei Anwesenheit eines gegebenen kleinen äußeren Feldes eine Variabelntrennung in einem gewissen Koordinatensystem $q_1 \ldots q_s$ möglich ist. Für das ungestörte System folgt dann aus der Gleichung (23), daß die durch (5) definierte Größe $I = \varkappa_1 I_1 + \cdots + \varkappa_s I_s$ ist, wo $I_1 \ldots I_s$ durch

(21) definiert und unter Zugrundelegung des eben erwähnten Koordinatensystems berechnet sind, und wo die $\varkappa$ ein System ganzer positiver Zahlen ohne einen gemeinsamen Teiler bedeuten. Der Einfachheit halber wollen wir annehmen, daß wenigstens eines der $\varkappa$ z. B. $z_s = 1$ ist, und daß folglich, wie auf S. 30 erwähnt, die in (24) vorkommende die stationären Zustände des ungestörten Systems charakterisierende Zahl n alle positiven Werte annehmen kann. Diese Bedingung wird bei allen Anwendungen auf die im folgenden zu besprechenden Spektralprobleme erfüllt sein; es wird sich indes zeigen, daß die Ausdehnung auf Probleme, für die diese Bedingung nicht erfüllt ist, nur geringe Abänderungen der folgenden Betrachtungen erfordert. Mit Hilfe von (29) erhalten wir nun für den Unterschied der Gesamtenergien zweier wenig verschiedener Zustände des gestörten Systems:

$$\delta E = \sum_1^s \omega_k \delta I_k = \omega_s \sum_1^s \varkappa_k \delta I_k + \sum_1^s (\omega_k - \varkappa_k \omega_s) \delta I_k \cdot (42)$$

Da für das ungestörte System $\omega_k = \varkappa_k \omega_s$ ist, so werden die für das gestörte System im letzten Glied auftretenden Differenzen $\omega_k - \varkappa_k \omega_s$ kleine Größen sein, die gerade die Frequenzen der langsamen bei Anwesenheit des äußeren Feldes auftretenden Bahnänderungen darstellen. Diese Größen sollen im folgenden mit $\mathfrak{v}_k$ bezeichnet werden. Wir wollen nun die Mannigfaltigkeit der Zustände des gestörten Systems betrachten, für die

$$\sum_1^s \varkappa_k I_k = nh$$

ist, unter n eine fest gegebene positive ganze Zahl verstanden. Diese Mannigfaltigkeit enthält offenbar alle möglichen stationären Bewegungen des gestörten Systems, die (22) befriedigen, und die in jedem Augenblick sich nur wenig von einer für das gegebene n (24) genügenden stationären Bewegung des ungestörten Systems unterscheiden. Wenn wir den Energiewert des ungestörten Systems in einem solchen Zustand mit E_n bezeichnen und den Energiewert des gestörten Systems in einem zur betrachteten Mannigfaltigkeit gehörigen Zustand mit $E_n + \mathfrak{E}$, so erhalten wir aus (42)

$$\delta \mathfrak{E} = \sum_1^{s-1} \mathfrak{v}_k \delta I_k \ldots \ldots \ldots (43)$$

für die Differenz der Zusatzenergien zweier benachbarter Zustände dieser Mannigfaltigkeit. Diese Beziehung hat nun dieselbe Form wie (29); setzen wir also, wie durch die Bedingungen (22) gefordert, $I_1 \ldots I_{s-1}$ ganzen Vielfachen von h gleich, so erhalten wir genau dieselbe Beziehung zwischen der Zusatzenergie $\mathfrak{E}$ und den kleinen durch das äußere Feld dem System aufgezwungenen Frequenzen $\mathfrak{v}_k$ wie diejenige zwischen der Gesamtenergie E und den Grundfrequenzen in den stationären Zuständen eines bedingt periodischen Systems von $s-1$ Freiheitsgraden.

Als ein einfaches Beispiel für diese Rechnungen wollen wir ein System betrachten, bestehend aus einem in einer Ebene bewegten Teilchen, das von einem festen Punkte mit einer der Entfernung proportionalen Kraft angezogen wird. Wenn ungestört, wird die Bewegung des Systems unabhängig von den Anfangsbedingungen periodisch sein, und das Teilchen eine Ellipse beschreiben, deren Mittelpunkt im anziehenden Punkte liegt. Überdies lassen sich die Bewegungsgleichungen des ungestörten Systems mit Hilfe von Variabelnseparation, sowohl in Polarkoordinaten, wie in jedem System rechtwinkliger Koordinaten lösen. Verstehen wir im ersten Fall unter q_1 die Länge des vom festen Punkt zum Teilchen gezogenen Radiusvektors und unter q_2 dessen Winkelabstand von einer festen Richtung, so ist $\varkappa_1 = 2$ und $\varkappa_2 = 1$, während im zweiten Fall $\varkappa_1 = \varkappa_2 = 1$ ist. Bei Anwesenheit eines äußeren Feldes wird die Bahn im allgemeinen nicht periodisch bleiben, sondern im Laufe der Zeit ein gewisses Gebiet der Ebene stetig überdecken. Wenn indes das äußere Feld hinreichend klein ist, wird sich die Bahn in jedem Augenblick nur wenig von einer geschlossenen elliptischen unterscheiden, aber im Laufe der Zeit werden die Längen und Richtungen der Hauptachsen dieser Ellipse langsame Änderungen erfahren. Im allgemeinen wird das gestörte System keine Variabelnseparation gestatten, es gibt aber offenbar zwei Fälle, in denen eine solche Separation doch möglich ist. Im ersten Fall ist das äußere Feld ein zentrales mit dem festen Punkt als Zentrum, dann ist eine Separation der Variabeln in Polarkoordinaten möglich. Im zweiten Fall ist die Richtung des äußeren Kraftfeldes senkrecht zu einer gegebenen Geraden, und die Kraft hängt in irgend einer Weise vom Abstand von dieser ab; dann ist Separation in einem rechtwinkligen Koordinatensystem möglich, dessen Achsen parallel und senkrecht zu der gegebenen Geraden sind. Im ersten Fall ändern die Störungen nicht die Längen der Hauptachsen der elliptischen Bahn, sondern bringen nur eine langsame gleichmäßige Drehung ihrer Richtungen hervor; während im zweiten Fall die Länge sowohl als die Richtungen der Hauptachsen langsame Schwingungen ausführen. Wenn daher die stationären Zustände des gestörten Systems durch die Bedingungen (22) bestimmt sind, so werden die Zyklen der von der stationären Bahn angenommenen Gestalten und Lagen in beiden Fällen offenbar ganz verschieden sein. In beiden Fällen aber muß, wie man sieht, die Frequenz $\mathfrak{v} = \omega_1 - \varkappa_1 \omega_2$ gleich der Frequenz sein, mit der die Bahn in regelmäßigen Zeitabständen ihre Gestalt und Lage wieder annimmt. Wenn man daher die stationären Zustände durch (22) bestimmt, so ergibt sich, wie aus (43) hervorgeht, in beiden Fällen, daß die Beziehung zwischen dieser Frequenz und der vom äußeren Feld stammenden Zusatzenergie des Systems dieselbe ist wie die zwischen Frequenz und Energie in den stationären Zuständen eines Systems von einem Freiheitsgrad; und man erkennt in den eben angestellten Überlegungen eine dynamische Deutung für die charakteristische Unstetigkeit, die mit der Anwendung der Methode der Variabelnseparation auf die Bestimmung der stationären Zustände eines gestörten periodischen Systems verbunden ist[1]).

Im allgemeinen wird es nun nicht möglich sein, die Bewegungsgleichungen des gestörten Systems mit Hilfe einer Variabelnseparation in einem bestimmten System von Lagenkoordinaten zu lösen; wie wir aber sehen werden, läßt sich das Problem, die stationären Zustände des gestörten Systems zu bestimmen, dadurch in Angriff nehmen, daß man unmittelbar auf Grund der gewöhnlichen, aus der Himmelsmechanik bekannten Störungstheorie die Zusatzenergie des Systems betrachtet, und die Beziehung, in der sie zu den langsamen Bahnänderungen steht. Wir wollen ein System betrachten, für das jede Bahn, wenn ungestört, unabhängig von den Anfangsbedingungen periodisch ist, und wollen annehmen, daß die Bewegungsgleichungen in einem Koordinatensystem $q_1 q_2 \ldots q_s$ mit Hilfe der durch Formel (17) Teil I gegebenen Hamilton-Jacobischen Differentialgleichung gelöst sind. Die Bewegung des Systems ist sodann durch die Gleichungen (18) bestimmt, und die Bahn durch die Konstanten $\alpha_1 \ldots \alpha_s, \beta_1 \ldots \beta_s$ charakterisiert. Wird jetzt das System einem kleinen äußeren Kraftfeld unterworfen, so wird die Bahn nicht mehr periodisch sein; und definieren wir in der üblichen Weise die in einem gegebenen Augenblick oskulierende Bahn als diejenige periodische Bahn, die das System beschreiben würde,

---

[1]) In diesem Zusammenhang mag die Bemerkung von Interesse sein, daß die Möglichkeit, eine solche Unstetigkeit rationell zu deuten, wesentlich mit der Form der dieser Arbeit zugrunde gelegten quantentheoretischen Prinzipien verknüpft ist. Würde z. B. die Quantentheorie in der von Planck in seiner zweiten Strahlungstheorie vorgeschlagenen Form aufgefaßt, so würde die folgerichtige Erweiterung auf Systeme von mehreren Freiheitsgraden zu einer ernstlichen Schwierigkeit führen, die die Frage der notwendigen Stabilität des Wärmegleichgewichtes von sehr vielen Systemen bei kleinen Änderungen der äußeren Bedingungen beträfe. Planck hat nämlich im Zusammenhang mit der Entwicklung seiner in Teil I, S. 24 erwähnten Theorie von der „physikalischen Struktur des Phasenraumes" Ausdrücke für die Gesamtenergie einer großen Anzahl von Systemen im Wärmegleichgewicht abgeleitet; wendet man diese Ausdrücke auf Systeme von derselben Art an wie die im obigen Beispiel betrachteten, so gelangt man zu einer Temperaturabhängigkeit dieser Energie, die verschieden ist, je nachdem Polarkoordinaten oder rechtwinklige Koordinaten als Grundlage für die Struktur des Phasenraums gewählt werden.

wenn die äußeren Kräfte gerade in diesem Augenblick plötzlich verschwänden, so finden wir, daß die die oskulierende Bahn charakterisierenden Konstanten $\alpha_1 \ldots \alpha_s$, $\beta_1 \ldots \beta_s$ sich langsam mit der Zeit verändern. Wenn wir zunächst annehmen, daß die äußeren Kräfte ein Potential Ω besitzen, das eine Funktion der q aber nicht der Zeit ist, so finden wir nach der Störungstheorie, daß die Änderungsgeschwindigkeiten der Konstanten der oskulierenden Bahn durch die Gleichungen[1])

$$\frac{d\alpha_k}{dt} = -\frac{\partial \Omega}{\partial \beta_k}, \quad \frac{d\beta_k}{dt} = \frac{\partial \Omega}{\partial \alpha_k} \; (k = 1 \ldots s) \quad \cdots \quad (44)$$

gegeben sind, wo Ω die Funktion der $\alpha_1 \ldots \alpha_s$, $\beta_1 \ldots \beta_s$ und t ist, die man erhält, wenn man für die q ihre sich nach Auflösung der Gleichungen (18) als Funktionen dieser Größen ergebenden Werte einführt. Die Gleichungen (44) gestatten, den störenden Einfluß des äußeren Feldes auf die Systembewegung vollständig zu verfolgen. Für das betrachtete Problem ist indes eine genaue Untersuchung der Störungen nicht erforderlich. Denn es kommt uns nicht auf die kleine Deformation der Bahn an, die durch die kleinen Oszillationen der Bahnkonstanten in einem mit der Periode der oskulierenden Bahn vergleichbaren Zeitraum charakterisiert wird, sondern nur auf die sogenannten „säkularen Störungen" der Bahn, die charakterisiert sind durch die Gesamtänderung dieser Konstanten in einem Zeitraum, der groß ist gegen die Periode der oskulierenden Bahn. Wie wir unten sehen werden, können diese Veränderungen mit einer für unseren Zweck ausreichenden Genauigkeit unmittelbar dadurch erhalten werden, daß wir auf beiden Seiten der Gleichungen (44) den Mittelwert nehmen. Ehe wir indes diese Berechnung in Angriff nehmen, mag bemerkt werden, daß die Konstanten α_1 und β_1 eine wesentlich andere Rolle spielen wie die anderen Bahnkonstanten $\alpha_2 \ldots \alpha_s$, $\beta_2 \ldots \beta_s$. So folgt aus den Formeln (17) und (18) auf S. 24, daß α_1 die der oskulierenden Bahn entsprechende Gesamtenergie ist, während β_1 den Augenblick bezeichnet, in dem das System durch irgend einen ausgezeichneten Punkt der Bahn hindurchgeht. Wenn wir z. B. Störungen der Keplerschen

---

[1]) Siehe z. B. C. V. L. Charlier, Die Mechanik des Himmel, Bd. I, Abt. 1, § 10.

Bewegung betrachten, so können wir β_1 als die Zeit des sogenannten Periheldurchganges wählen. Untersuchen wir also die säkularen Störungen von Gestalt und Lage der Bahn, so sehen wir zunächst, daß wir die Änderung von β_1 außer acht lassen können. Ferner folgt aus dem Energieprinzip, daß $\alpha_1 + \Omega$ während der Bewegung konstant bleibt, und daher α_1 während der Störungen sich nur um kleine Größen von der Größenordnung $\lambda\alpha_1$ verändert, wo λ eine kleine Größe von derselben Größenordnung bezeichnet wie das Verhältnis zwischen den äußeren und inneren Kräften des Systems. Da überdies die Periode σ der ungestörten Bewegung nur von α_1 abhängt, so folgt, daß die Periode der oskulierenden Bahn während der Störungen konstant bleibt, bei Vernachlässigung von kleinen Größen von derselben Größenordnung wie $\lambda\sigma$. Andererseits folgt aus (44), daß in einem Zeitintervall von der Größenordnung σ/λ die Konstanten $\alpha_2\ldots\alpha_s$, $\beta_2\ldots\beta_s$ im allgemeinen Änderungen erfahren werden, die von der Größenordnung dieser Konstanten selbst sind.

Wie oben erwähnt, kann man die für die säkularen Störungen der Gestalt und Lage der Bahn charakteristischen Gesamtänderungen von $\alpha_2\ldots\alpha_s$, $\beta_2\ldots\beta_s$ erhalten, wenn man auf beiden Seiten der Gleichung (44) den Mittelwert nimmt. Wir führen also eine Funktion Ψ der α und β ein, die dem Mittelwert des Potentials Ω gleich ist, genommen über eine Periode σ des ungestörten Systems, also durch die Formel

$$\Psi = \frac{1}{\sigma}\int_t^{t+\sigma} \Omega\, dt \quad\cdots\cdots\cdots\cdots (45)$$

definiert ist. Da nun σ nur von α_1 abhängt, so sieht man leicht, daß die über eine angenäherte Periode der gestörten Bewegung genommenen Mittelwerte der partiellen Differentialquotienten von Ω nach $\alpha_2\ldots\alpha_s$, $\beta_2\ldots\beta_s$, von λ^2 proportionalen kleinen Größen abgesehen, durch die Werte der entsprechenden Differentialquotienten von Ψ für irgend einen Augenblick dieser Periode ersetzt werden können. Mit der angegebenen Genauigkeit erhalten wir daher

$$\frac{D\alpha_k}{Dt} = -\frac{\partial\Psi}{\partial\beta_k}, \quad \frac{D\beta_k}{Dt} = \frac{\partial\Psi}{\partial\alpha_k} \quad (k = 2\ldots s) \cdots (46)$$

wo die Differentialsymbole auf den linken Seiten Mittelwerte von den Änderungsgeschwindigkeiten der Bahnkonstanten während einer ungefähren Periode der gestörten Bewegung bedeuten. Aus der Definition von Ψ folgt, daß diese Größe im allgemeinen von α_1 sowohl wie von $\alpha_2 \ldots \alpha_s$, $\beta_2 \ldots \beta_s$, aber nicht von β_1 abhängt. Ferner ergibt sich aus den obigen Betrachtungen, daß mit der erwähnten Annäherung α_1 in den Ausdrücken auf den rechten Seiten von (46) als konstant angesehen werden kann, während wir für $\alpha_2 \ldots \alpha_s$, $\beta_2 \ldots \beta_s$ ein Wertsystem wählen können, das irgend einem beliebigen Zeitpunkt innerhalb der Periode entspricht, auf die sich die Mittelwerte auf den linken Seiten beziehen.

Offenbar setzen uns die Gleichungen (46) in den Stand, die säkulären Störungen während eines Zeitraumes von so langer Dauer zu verfolgen, daß in ihm die äußeren Kräfte die Gestalt und Lage der ursprünglichen Bahn merklich verändern können; nur sind bei der Bestimmung der Gesamtänderungen der Bahnkonstanten $\alpha_2 \ldots \alpha_s$, $\beta_2 \ldots \beta_s$ Größen vernachlässigt, die von derselben Größenordnung klein sind, wie die kleinen Schwankungen dieser Konstanten in einer einzelnen Periode. Die säkularen Änderungen haben zur Folge, daß die Bahn einen Zyklus von Gestalten und Lagen durchläuft, der zwar von der Anfangslage und Anfangsgestalt der Bahn sowie von dem Charakter des störenden Feldes, aber nicht von seiner Stärke abhängt. In der Tat werden, wie aus (46) ersichtlich, die Änderungen in der Gestalt und Lage der Bahn dieselben bleiben, wenn man Ψ mit einem konstanten Faktor multipliziert, was nur von Einfluß auf die Geschwindigkeit ist, mit der diese Änderungen eintreten. Ferner bemerkt man, daß das Problem, die säkularen Störungen mit Hilfe von (46) zu bestimmen, in der Auflösung eines Gleichungssystems besteht, das dieselbe Form besitzt wie die Hamiltonschen Bewegungsgleichungen für ein System von $s-1$ Freiheitsgraden. In den jetzt zu betrachtenden Gleichungen spielt die Größe Ψ formal dielbe Rolle wie die Gesamtenergie in dem gewöhnlichen mechanischen Problem, und analog dem Prinzip von der Erhaltung der Energie folgt unmittelbar aus (46), daß unter Vernachlässigung kleiner, λ^2 proportionaler Größen, der Wert von Ψ während der Störungen konstant bleibt, selbst wenn die äußeren Kräfte während eines Zeitraumes von der Größenordnung σ/λ wirken. In der Tat unter Vernachlässigung von Größen, die λ^3 proportional sind, haben wir

$$\frac{D\Psi}{Dt} = \sum_2^s \left(\frac{\partial \Psi}{\partial \alpha_k} \frac{D\alpha_k}{Dt} + \frac{\partial \Psi}{\partial \beta_k} \frac{D\beta_k}{Dt} \right)$$
$$= \sum_2^s \left(-\frac{\partial \Psi}{\partial \alpha_k} \frac{\partial \Psi}{\partial \beta_k} + \frac{\partial \Psi}{\partial \beta_k} \frac{\partial \Psi}{\partial \alpha_k} \right) = 0.$$

Nun unterscheidet sich Ψ in jedem Augenblick nur um kleine, λ^2 proportionale Größen von dem Mittelwert des Potentials der äußeren Kräfte, genommen über eine angenäherte Periode der gestörten Bewegung; aus dem Obigen folgt also, daß bei Vernachlässigung von kleinen Größen dieser Größenordnung auch der Mittelwert der inneren Energie α_1 des gestörten Systems, genommen über eine angenäherte Periode, während der Störungen konstant bleibt, selbst wenn die störenden Kräfte durch einen so langen Zeitraum hindurch wirken, daß sie eine beträchtliche Änderung in der Gestalt und Lage der Bahn hervorbringen können. In dem besonderen Falle, wo das gestörte System eine Separation der Variablen gestattet, kann dieses letzte Ergebnis unmittelbar aus der Formel (28) in Teil I gewonnen werden. Setzen wir in dieser für das Zeitintervall ϑ die Periode σ der ungestörten Bewegung, so erhalten wir $N_k = \varkappa_k$, wo $\varkappa_1 \ldots \varkappa_s$ die in der Formel (23) auftretenden Zahlen sind. Wenn wir also eine gegebene gestörte Bewegung des Systems mit einer ungestörten vergleichen, so daß die gestörte als kleine Variation der ungestörten angesehen werden kann, so erhalten wir aus (28) unter Vernachlässigung von kleinen, dem Quadrat der äußeren Kräfte proportionalen Größen:

$$\int_0^\sigma \delta E \, dt = \sum_1^s \varkappa_k \delta I_k \quad \ldots \ldots \ldots (47)$$

wo die I unter Zugrundelegung eines Koordinatensystems berechnet sind, in dem für die gestörte Bewegung eine Separation der Variablen möglich ist und δE den Unterschied zwischen der Gesamtenergie der ungestörten Bewegung bedeutet und der Energie — in den obigen Rechnungen mit α_1 bezeichnet — die das System besitzen würde, wenn die äußeren Kräfte plötzlich in dem betrachteten Zeitpunkt verschwänden. Nun ist die Energie E der ungestörten Bewegung vollständig durch den

Wert $I = \sum \varkappa_k I_k$ bestimmt. Wenn daher die gestörte Bewegung dauernd mit einer ungestörten, von gegebener konstanter Energie verglichen wird, so folgt unmittelbar aus (47), daß unter Vernachlässigung von kleinen Größen von derselben Größenordnung wie das Quadrat der äußeren Kräfte, das Integral auf der linken Seite, genommen über eine angenäherte Periode der gestörten Bewegung, während der Störungen in einem noch so langen Zeitraum ungeändert bleiben wird.

Ehe wir zu weiteren Anwendungen der Gleichungen (46) auf den Fall eines konstanten störenden Feldes übergehen, wird es nötig sein, die Wirkung einer langsamen und gleichförmigen Erzeugung des äußeren Feldes zu betrachten. Wir nehmen also an, daß in dem Zeitraum $0 < t < \vartheta$, wo ϑ eine Größe von derselben Größenordnung wie σ/λ bedeutet, die Stärke des äußeren Feldes gleichförmig von 0 bis auf den dem Potential Ω entsprechenden Wert anwächst. Da nun die Änderung des störenden Feldes während einer einzelnen Periode nur eine kleine Größe derselben Größenordnung wie λ^2 ist, so sehen wir zunächst, daß die säkularen Änderungen der Konstanten $\alpha_2 \ldots \alpha_s$, $\beta_2 \ldots \beta_s$ mit derselben Annäherung wie für ein konstantes Feld durch ein Gleichungssystem von derselben Form wie (46) gegeben sind, mit dem einzigen Unterschied, daß Ψ durch $\dfrac{t}{\vartheta} \Psi$ zu ersetzen ist.

Überdies läßt sich zeigen, daß in diesen Gleichungen die Größe α_1 als konstant angesehen werden kann, gerade wie in den Gleichungen, die für ein zeitliches konstantes störendes Feld gelten. Die gesamte Änderung von α_1 in einem bestimmten Zeitpunkt wird nämlich gleich der gesamten Arbeit sein, die von den störenden Kräften seit Beginn der Felderzeugung geleistet wurde und daher durch

$$\Delta_t \alpha_1 = -\int_0^t \frac{t}{\vartheta} \sum_1^s \frac{\partial \Omega}{\partial q_k} \dot q_k dt = \frac{1}{\vartheta}\int_0^t \Omega\, dt - \frac{t}{\vartheta} \Omega_t \quad . \quad (48)$$

gegeben sein, wo der Ausdruck der rechten Seite durch partielle Integration erhalten wird; aber da beide Glieder in diesem Ausdruck von derselben Größenordnung wie $\lambda \alpha_1$ sind, so sehen wir, daß die Gesamtänderung von α_1, gerade wie im Falle eines konstanten störenden Feldes, nur eine von dieser Größenordnung kleine Größe ist. Wir gelangen daher zu dem Ergebnis, daß für ein und dieselbe Lage und Gestalt der ursprünglichen Bahn, der von der Bahn durchlaufene Zyklus der Gestalten und Lagen derselbe ist, der bei einem zeitlich konstanten störenden Felde auftreten würde und daß daher, unter Vernachlässigung von kleinen λ^2 proportionalen Größen der Wert der Funktion Ψ während der Erzeugung des Feldes konstant bleibt. Mit dieser Annäherung erhalten wir daher aus (48), wenn wir $t = \vartheta$ setzen,

$$\triangle_\vartheta \alpha_1 + \Omega_\vartheta = \frac{1}{\vartheta}\int_0^\vartheta \Omega\, dt = \Psi,$$

und wir sehen, daß die von der langsamen und gleichförmigen Felderzeugung herrührende Änderung der gesamten Energie des Systems gerade dem Werte der Funktion Ψ gleich ist, und daher dem Mittelwert des Potentials der äußeren Kräfte, genommen über eine angenäherte Periode der gestörten Bewegung. Dieses Ergebnis kann man auch so ausdrücken: Abgesehen von kleinen Größen, die dem Quadrat der äußeren Kräfte proportional sind, ist der Mittelwert der inneren Energie genommen über eine angenäherte Periode der gestörten Bewegung gleich der Energie, die das System vor der Erzeugung des störenden Feldes besaß.

Wir wollen jetzt zu dem Problem zurückkehren, die stationären Zustände eines periodischen Systems zu bestimmen, das dem Einfluß eines kleinen äußeren Feldes von zeitlich konstantem Potential unterworfen ist. Dabei legen wir unseren Betrachtungen die Annahme zugrunde, daß die stationären Zustände unter der stetigen Mannigfaltigkeit der mechanisch möglichen ausgezeichnet sind durch eine Beziehung zwischen der von der Anwesenheit des äußeren Feldes herrührenden Zusatzenergie des Systems und den Frequenzen der langsamen Änderungen der Bahn unter der Einwirkung dieses Feldes, und zwar durch eine Beziehung analog der auf S. 59 für den besonderen Fall erörterten, daß das gestörte System eine Variablenseparation in einem bestimmten Koordinatensystem zuläßt. Auf Grund dieser Annahme werden wir erstens erwarten, daß von kleinen λ proportionalen Größen abgesehen, die Zyklen von Gestalten und Lagen der Bahn, die zu den stationären Zuständen des gestörten Systems gehören, nur von dem Charakter des äußeren Feldes, aber nicht von seiner Intensität abhängen. Da nun aber, wie oben gezeigt, ein solcher Zyklus ungeändert bleibt, während eines langsamen und gleichförmigen Anwachsens des äußeren Feldes, wenn dessen Wirkung mit Hilfe der gewöhnlichen Mechanik berechnet wird, so können wir uns auf das Prinzip von der mechanischen Transformierbarkeit der stationären Zustände berufen, und gelangen zu der Folgerung, daß man durch unmittelbare Anwendung der gewöhnlichen Mechanik nicht nur imstande ist, wenn das äußere Feld zeitlich konstant bleibt, die säkularen Störungen der Bahn in den stationären Zuständen zu verfolgen, sondern auch die Energieänderung des Systems in den stationären Zuständen zu berechnen, die von einer langsamen und gleichförmigen Änderung der Stärke des Feldes herrührt. Wenn wir also die Energie in den stationären Zuständen des gestörten Systems mit $E_n + \mathfrak{E}$ bezeichnen, unter E_n die Energie des ungestörten Systems verstanden, in dem durch einen gegebenen ganzzahligen Wert von n in der Bedingung $I = nh$ charakterisierten stationären Zustand des ungestörten Systems, so können wir aus unseren Betrachtungen schließen: **Abgesehen von kleinen, dem Quadrat der äußeren Kräfte proportionalen Größen ist die Zusatzenergie $\mathfrak{E}$ in den stationären Zuständen des gestörten Systems gleich dem Werte der durch (45) definierten Funktion Ψ in diesen Zuständen.** Offenbar ist dieses Ergebnis mit der Feststellung gleichbedeutend, daß der über eine angenäherte Periode des gestörten Systems genommene Mittelwert der inneren Energie gleich dem Werte E_n der Energie in dem entsprechenden stationären Zustand des ungestörten Systems ist. Falls das gestörte System eine Separation von Variablen in einem bestimmten Koordinatensystem zuläßt, so läßt sich diese Beziehung unmittelbar daraus ableiten, daß die stationären Zustände durch die Bedingungen (22) bestimmt werden. Nehmen wir nämlich an, daß die in (47) betrachtete ungestörte Bewegung einem stationären Zustand entspricht, der für einen gegebenen Wert von n (24) genügt, und daß die gestörte Bewegung auch stationär ist und (22) genügt, so sehen wir, daß die rechte Seite von (47) verschwindet, und finden daher, daß der Mittelwert der inneren Energie in den stationären Zuständen des Systems mit der erwähnten Annäherung nicht durch die Anwesenheit des äußeren Feldes geändert wird.

Mit Hilfe des obigen Ergebnisses, daß die Zusatzenergie $\mathfrak{E}$ in den stationären Zuständen des gestörten Systems bis auf kleine Größen von der Ordnung λ^2 gleich ist dem Werte der in (46) eingehenden Funktion Ψ, die die säkularen Störungen der Bahn bestimmt, können wir weitere Schlußfolgerungen ziehen aus dem oben erwähnten Umstand, daß diese Gleichungen vom gleichen Typus sind wie die Hamiltonschen Bewegungsgleichungen eines mechanischen Systems von $s-1$ Freiheitsgraden. Wir sehen, daß das Problem, die stationären Zustände des gestörten Systems zu bestimmen, auf das formal analoge Problem zurückgeführt ist, solche Zustände für ein mechanisches System von weniger Freiheitsgraden zu bestimmen. Wie die folgenden Anwendungen zeigen werden, können wir dieses Problem ganz unabhängig von der Möglichkeit einer Variablenseparation für das gestörte System behandeln, und zwar unmittelbar ausgehend von der in Teil I erörterten grundlegenden Beziehung zwischen der Energie und der Frequenz in den stationären Zuständen periodischer oder bedingt periodischer Systeme, wenn nur die Lösung der Gleichungen (46) von periodischem oder bedingt periodischem Charakter ist. In diesem Zusammenhang möge noch einmal hervorgehoben werden, daß diese Gleichungen entsprechend der Art ihrer Ableitung die säkularen Störungen nur durch einen Zeitraum zu verfolgen gestatten, der groß genug ist, daß in ihm die äußeren Kräfte eine endliche Änderung der Gestalt und Lage der Bahn hervorbringen können. Indem man sich aber auf die notwendige Stabilität der stationären Zustände eines Atomsystems beruft, scheint der Schluß gerechtfertigt, irgend eine kleine Abweichung der auf Grund einer strengen Anwendung der gewöhnlichen Mechanik zu erwartenden Bewegung von der Bewegung, die nach (46) durch Berechnung der säkularen Störungen bestimmt wird, könne keine wesentliche Änderung in dem Charakter der stationären Zustände zur Folge haben, der ja durch die Periodizitätseigenschaften dieser Störungen bestimmt ist. Andererseits müssen wir vom Standpunkt der allgemeinen formalen Beziehung zwischen der Quantentheorie und der gewöhnlichen Strahlungstheorie darauf gefaßt sein, daß die Bewegung und die Energie in den stationären Zuständen eines gestörten periodischen Systems, von welchem wir nur wissen, daß seine säkularen Störungen, wie sie sich durch (46) bestimmen, von bedingt periodischem Typus sind, nicht so scharf bestimmt sein werden, wie die Bewegung und die Energie in den stationären Zuständen eines bedingt periodischen Systems, dessen Bewegungsgleichungen eine strenge Lösung nach der Methode der Variablenseparation zulassen. Wenn wir daher eine große Anzahl ähnlicher Atomsysteme von der betrachteten Art vergleichen, so müssen wir darauf gefaßt sein, in den Werten der Zusatzenergie für einen gegebenen stationären Zustand geringe Abweichungen zu finden; aber wir dürfen erwarten, daß sich für die überwiegende Mehrzahl von Systemen die Werte der Zusatzenergie von dem nach der oben beschriebenen Methode bestimmten Ψ nur um kleine Größen von der Ordnung λ^2 unterschieden werden, und daß nur für einen kleinen Bruchteil von Systemen (höchstens von der Größenordnung λ^2) die Werte der Zusatzenergie Abweichungen von diesem Werte Ψ zeigen werden, die von derselben Größenordnung wie λ sind.

Was nun die Anwendung der vorstehenden Betrachtungen auf besondere Probleme anlangt, so sehen wir zunächst, daß im Falle eines **gestörten periodischen Systems von zwei Freiheitsgraden**, wie z. B. des auf S. 60 betrachteten, das Problem, die stationären Zustände des gestörten Systems bei Anwesenheit eines kleinen äußeren Feldes zu bestimmen, eine allgemeine Lösung nach der oben entwickelten Methode gestattet, weil dann im allgemeinen die säkulären Störungen **einfach periodisch** sein werden. In diesem Falle sind nämlich die Gestalt und die Lage der Bahn durch zwei Konstanten α_2 und β_2 bestimmt, und aus den Gleichungen (46), die den Bewegungsgleichungen eines Systems von einem Freiheitsgrad entsprechen, folgt unmittelbar, daß während der Störungen α_2 eine Funktion von β_2 sein wird, und daß im allgemeinen diese Größen periodische Funktionen der Zeit sein werden mit einer Periode $\mathfrak{S}$, die, abgesehen von α_1, nur von dem Werte von Ψ abhängt. Betrachten wir nun zwei wenig verschiedene Zustände des gestörten Systems, für die die entsprechenden Zustände des ungestörten Systems (d. h. die Zustände, die auftreten würden, wenn die äußeren Kräfte langsam mit gleichförmiger Geschwindigkeit verschwänden) dieselbe Energie und folglich denselben Wert der durch (5) definierten

Größe I besitzen, so erhalten wir durch eine Rechnung ganz analog der, die uns in Teil I, ausgehend von den Hamiltonschen Gleichungen, zu der Beziehung (8) geführt hat, für den Unterschied der Werte der Funktion Ψ in diesen beiden Zuständen

$$\delta \Psi = \mathfrak{o}\,\delta \mathfrak{J} \qquad \ldots \ldots \ldots \ldots (49)$$

Hier ist $\mathfrak{o} = \dfrac{1}{\mathfrak{F}}$ die Frequenz der säkularen Störungen und die Größe $\mathfrak{J}$ ist definiert durch:

$$\mathfrak{J} = \int_0^{\mathfrak{F}} \alpha_2 \frac{D\beta_2}{Dt}\,dt = \int \alpha_2\,D\beta_2 \qquad \ldots \ldots \ldots (50)$$

wo das zweite Integral über eine vollständige Oszillation von β_2 zu erstrecken ist. Wollen wir nun die stationären Zustände bestimmen, so sehen wir zunächst, daß unter der Menge der Zustände des gestörten Systems, für die der Wert I in den entsprechenden Zuständen des ungestörten Systems gleich nh ist, unter n eine gegebene positive ganze Zahl verstanden, der Zustand, für den $\mathfrak{J} = 0$ ist, stationär sein muß. Denn für diesen Wert von $\mathfrak{J}$ wird die Gestalt und Lage der Bahn keine säkularen Störungen erleiden, sondern ungeändert bleiben, sowohl bei Anwesenheit eines zeitlich konstanten äußeren Feldes als auch, wenn ein solches langsam mit gleichmäßiger Geschwindigkeit hergestellt wird. Im Gegensatz zu dem, was im allgemeinen bei einer langsamen Erzeugung des äußeren Feldes eintritt, dürfen wir daher erwarten, daß für diese besondere Gestalt und Lage der Bahn eine unmittelbare Anwendung der gewöhnlichen Mechanik bei der Berechnung der von der Felderzeugung herrührenden Wirkung berechtigt ist; denn in diesem Fall liegt kein Anlaß für das Mitspielen außermechanischer Prozesse vor, die verbunden sind mit dem Mechanismus des Überganges von einem stationären Zustand zum anderen und einer ihn begleitenden Emission oder Absorption einer Strahlung von kleiner Frequenz. Unter Benutzung der Beziehung (49) erkennen wir daher, daß, wenn wir die stationären Zustände des gestörten Systems durch die Bedingung

$$\mathfrak{J} = nh \qquad \ldots \ldots \ldots \ldots (51)$$

bestimmen, unter n eine ganze Zahl verstanden, wir eine Beziehung zwischen der Zusatzenergie $\mathfrak{E} = \Psi$ des Systems bei Anwesenheit des äußeren Feldes und der Frequenz o der säkularen Störungen erhalten, die von genau demselben Typus ist wie diejenige, die zwischen der Energie und der Frequenz der stationären Zustände eines Systems von einem Freiheitsgrad besteht, und die durch (8) und (10) ausgedrückt ist. Mit Hilfe von (51) kann man unter Vernachlässigung kleiner, dem Quadrat der störenden Kräfte proportionaler Größen, unmittelbar den Wert der Zusatzenergie in den stationären Zuständen eines periodischen Systems von zwei Freiheitsgraden bestimmen, das einem beliebigen kleinen Kraftfeld unterworfen ist, und daher mit dieser Annäherung, unter Benutzung der Grundbeziehung (1), die Wirkung dieses Feldes auf die Frequenzen des Spektrums des ungestörten periodischen Systems. Im allgemeinen wird diese Wirkung in einer Aufspaltung jeder der Spektrallinien in eine Anzahl von Komponenten bestehen, die von der ursprünglichen Lage der Linie um kleine der Intensität der äußeren Kräfte proportionale Größen verschoben sind.

Gehen wir zu gestörten periodischen Systemen von mehr als zwei Freiheitsgraden über, so ist das allgemeine Problem weniger einfach. Für ein vorgegebenes äußeres Feld kann indes die Möglichkeit vorliegen, ein System von Bahnkonstanten $\alpha_2 \ldots \alpha_s$, $\beta_2 \ldots \beta_s$ so zu wählen, daß während der Bewegung jedes der α nur von den zugehörigen β abhängt, während jedes der β zwischen zwei festen Grenzen oszilliert. In Analogie mit der Theorie gewöhnlicher bedingt periodischer Systeme, die eine Variablenseparation gestatten, mögen die Störungen in solchem Falle bedingt periodisch heißen und durch eine Rechnung, ganz analog der, durch die man unter Zugrundelegung nur der Hamiltonschen Gleichungen zur Gleichung (29) in Teil I gelangte, erhalten wir für den Unterschied von Ψ für zwei wenig verschiedene Zustände des gestörten Systems, wenn der Wert I in den entsprechenden Zuständen des ungestörten Systems derselbe ist, den Ausdruck

$$\delta \Psi = \sum_{1}^{s-1} \mathfrak{v}_k \delta \mathfrak{J}_k \ldots \ldots \ldots (52)$$

Hier ist $\mathfrak{v}_k$ die mittlere Oszillationsfrequenz von β_{k+1} zwischen seinen Grenzen und die Größen $\mathfrak{J}_k$ sind definiert durch

$$\mathfrak{J}_k = \int \alpha_{k+1} D \beta_{k+1}, \quad (k = 1, \ldots s-1) \ldots \ldots (53)$$

wo das Integral über eine vollständige Oszillation von β_{k+1} zu erstrecken ist. Analog dem Ausdruck (31) für die Verschiebung der Teilchen in einem gewöhnlichen bedingt periodischen System, das Variablenseparation gestattet, finden wir ferner im vorliegenden Fall, daß jedes der α und β als eine Funktion der Zeit durch eine Summe harmonischer Schwingungen von kleinen Frequenzen ausgedrückt werden kann:

$$\left.\begin{array}{l}\alpha\\ \beta\end{array}\right\} = \sum \mathfrak{C}_{t_1 \ldots t_{s-1}} \cos 2\pi \{(t_1 v_1 + \cdots t_{s-1} v_{s-1})t + c_{t_1 \ldots t_{s-1}}\} \quad (54)$$

wo die $\mathfrak{C}$ und die c Konstanten sind, und zwar die erstgenannten außer von I nur von den $\mathfrak{J}$ abhängen, und wo die Summation über alle positiven und negativen ganzen Werte der t zu erstrecken ist. Wenn daher die säkularen Störungen bedingt periodisch sind, so können wir schließen, daß die stationären Zustände des gestörten Systems, die einem gegebenen stationären Zustand des ungestörten entsprechen, durch die $s-1$-Bedingungen

$$\mathfrak{J}_k = n_k h \quad (k = 1, \ldots s-1) \quad \ldots \ldots (55)$$

charakterisiert sind, wo die $n_1 \ldots n_{s-1}$ ein System ganzer Zahlen bilden. Wie man nämlich aus (52) ersieht, erhält man auf diese Weise eine Beziehung zwischen der Zusatzenergie und den Frequenzen der säkularen Störungen von genau demselben Typus wie die, die zwischen der Energie und den Frequenzen gewöhnlicher bedingt periodischer Systeme besteht und durch (22) und (29) ausgedrückt ist; überdies können wir von vornherein schließen, daß der Zustand, in dem jede der durch (53) definierten Größen $\mathfrak{J}_k$ verschwindet, zu den stationären Zuständen des gestörten Systems gehören muß, weil in diesem Falle die Bahn weder bei Anwesenheit eines zeitlich konstanten äußeren Feldes säkulare Störungen erleiden wird, noch bei einer langsamen und gleichförmigen Herstellung eines Feldes. Da die Bedingungen (55) unter Vernachlässigung kleiner, dem Quadrat der äußeren Kräfte proportionaler Größen, die Bestimmung der von der Anwesenheit des äußeren Feldes herrührenden Zusatzenergie gestatten, so sehen wir also, daß die Wirkung dieses Feldes auf das Spektrum des ungestörten Systems, wenn die säkularen Störungen bedingt periodisch sind, in der Aufspaltung jeder Spektrallinie in eine Anzahl von Komponenten besteht, analog der Wirkung eines störenden Feldes auf das Spektrum eines periodischen

Systems von zwei Freiheitsgraden. Im allgemeinen jedoch kann nicht erwartet werden, daß die Störungen, die ein bedingt periodisches System von mehr als zwei Freiheitsgraden bei Anwesenheit eines gegebenen äußeren Feldes erleidet, von bedingt periodischem Charakter sind und Periodizitätseigenschaften von dem durch Formel (54) ausgedrückten Typus aufweisen. In solchen Fällen scheint es unmöglich, stationäre Zustände auf eine Weise zu definieren, die zu einer vollständigen Bestimmung der Gesamtenergie in ihnen führte, und wir ziehen daraus die Folgerung, daß dann die Wirkung des äußeren Feldes auf das Spektrum nicht in der Aufspaltung der Spektrallinien des ursprünglichen Systems in eine Anzahl scharfer Komponenten besteht, sondern in einer Verbreiterung dieser Linien über Spektralintervalle von einer der Intensität der äußeren Kräfte proportionalen Breite.

In besonderen Fällen, in denen die säkularen Störungen eines gestörten periodischen Systems von mehr als zwei Freiheitsgraden von bedingt periodischem Typus ist, kann es vorkommen, daß diese Störungen durch eine Zahl von Grundfrequenzen bestimmt sind, die kleiner als $s-1$ ist. In solchen Fällen, in denen, analog der in Teil I angewandten Terminologie, das gestörte System entartet heißen möge, ist die notwendige Beziehung zwischen der Zusatzenergie und den Frequenzen der säkularen Störungen durch eine Zahl von Bedingungen hergestellt, die geringer als die Zahl der durch (55) gegebenen ist, und die stationären Zustände sind daher durch weniger als s Bedingungen charakterisiert. Mit einem typischen Beispiel solcher Systeme haben wir es zu tun, wenn wir ein gestörtes periodisches System von mehr als zwei Freiheitsgraden betrachten, dessen säkulare Störungen einfach periodisch sind, unabhängig von der Anfangsgestalt und Anfangslage der Bahn.

In unmittelbarer Analogie zu dem, was für ein gestörtes periodisches System von zwei Freiheitsgraden gilt, wird in dem vorliegenden Fall der Unterschied zwischen den Werten von Ψ in zwei wenig verschiedenen Zuständen des gestörten Systems, die zu demselben Wert von I gehören, durch

$$\delta \Psi = v\, \delta \mathfrak{J} \qquad (56)$$

gegeben sein, wo $\mathfrak{o}$ die Frequenz der säkularen Störungen bedeutet und $\mathfrak{J}$ durch

$$\mathfrak{J} = \int_0^{\mathfrak{s}} \sum_2^s \alpha_k \frac{D\beta_k}{Dt} dt \quad \cdots \cdots \cdots (57)$$

gegeben ist, unter $\mathfrak{s} = 1/\mathfrak{o}$ die Periode der Störungen verstanden. Wir können daher schließen, daß die stationären Zustände des gestörten Systems, die einem gegebenen stationären Zustand des ungestörten entsprechen, durch eine einzige Bedingung

$$\mathfrak{J} = nh \quad \cdots \cdots \cdots \cdots (58)$$

charakterisiert sind, in der n eine ganze Zahl ist, und offenbar ist diese Bedingung derjenigen ganz analog, die die stationären Zustände eines gewöhnlichen periodischen Systems von mehreren Freiheitsgraden bestimmt.

In dem folgenden Paragraphen werden wir die vorstehenden Überlegungen auf das Problem anwenden, die stationären Zustände des Wasserstoffatoms zu bestimmen, einerseits unter Berücksichtigung der relativistischen Abänderungen, andererseits wenn das Atom der Einwirkung kleiner äußerer Felder unterworfen ist. Bei dieser Untersuchung werden wir der Einfachheit halber bei den Berechnungen der Störungen der Elektronenbahn die Kernmasse als unendlich groß betrachten. Das bedeutet, in dem Ausdruck für die Zusatzenergie des Systems die Vernachlässigung kleiner Glieder von derselben Größenordnung wie das Produkt der Intensität der äußeren Kräfte mit dem Verhältnis der Elektronenmasse zur Kernmasse. Aber wegen der Kleinheit dieses Verhältnisses wird der durch diese Vereinfachung begangene Fehler bei dem Vergleich der Rechnungsergebnisse mit den Messungen nicht von Belang sein. Da in dem betrachteten Fall das System drei Freiheitsgrade besitzt, so werden die Gleichungen, die die säkularen Störungen der Elektronenbahn bestimmen, den Bewegungsgleichungen eines Systems von zwei Freiheitsgraden entsprechen, und für das Problem, die stationären Zustände aufzufinden, wird daher keine allgemeine Behandlung möglich sein. Bei einem gegebenen äußeren Feld haben wir uns also zunächst die Frage vorzulegen, ob die Störungen bedingt periodisch sind, und wenn sie es sind, in welchem System von Bahnkonstanten diese Periodizität passend ausgedrückt werden kann. Nun besitzt bei vielen Spektralproblemen das äußere Feld axiale Symmetrie um eine durch den Kern hindurchgehende Achse, und in diesem Falle ist leicht zu zeigen, daß das Problem, die stationären Zustände zu bestimmen, eine allgemeine Lösung zuläßt. Eine Wahl von Bahnkonstanten, die für die Behandlung dieses Problems geeignet und wohlbekannt aus der astronomischen Theorie der Planetenstörungen ist, erhält man, wenn man für α_2 den Gesamtimpuls des Elektrons um den Kern wählt, und für α_3 die Komponente dieses Drehimpulses um die Feldachse. Das diesem System der α entsprechende System der β kann so gewählt werden: Als β_2 nehmen wir den Winkel zwischen der großen Halbachse und der Geraden, in der die Bahnebene die durch den Kern gelegte auf der Feldrichtung senkrecht stehende Ebene schneidet und als β_3 den Winkel zwischen dieser Linie und einer festen Richtung in der letztgenannten Ebene. Man sieht dann, daß für das betrachtete Problem bei dieser Wahl der Konstanten der Mittelwert Ψ des Potentials des störenden Feldes außer von α_1 im allgemeinen von α_2 und β_2 sowohl wie von α_3 abhängen wird, aber wegen der Symmetrie um die Achse offenbar nicht von β_3. Demzufolge werden die Gleichungen (46), die die säkularen Störungen bestimmen, dieselbe Gestalt besitzen wie die Hamiltonschen Bewegungsgleichungen für ein in einer Ebene in einem zentralen Kraftfeld sich bewegendes Teilchen. So erkennen wir zunächst aus (46), entsprechend dem für zentrale Systeme geltenden Satz von der Erhaltung des Drehimpulses, daß α_3 während der Störungen ungeändert bleibt. Entsprechend der einfachen Periodizität in der Radialbewegung zentraler Systeme sehen wir sodann aus (46), wenn α_3 sowohl wie α_1 als konstant angesehen wird, daß während der Störungen α_2 eine Funktion von β_2 sein und sich in einfach periodischer Weise mit der Zeit verändern wird. Die durch ein äußeres Feld von axialer Symmetrie hervorgerufenen Störungen der Elektronenbahn werden daher immer von bedingt periodischem Typus sein, ganz unabhängig von der Möglichkeit der Variablenseparation für das gestörte System. Was indes die Form der die stationären Zustände bestimmenden Bedingung betrifft, so mag bemerkt werden, daß bei der betrachteten Wahl der Bahnkonstanten die β nicht, wie der Einfachheit halber bei der allgemeinen Darlegung auf S. 73

angenommen war, zwischen festen Grenzen schwanken, vielmehr sieht man, daß β_2 während der Störungen entweder zwischen zwei solchen Grenzen schwanken oder stetig zunehmen (oder abnehmen) kann, während β_3 sich immer auf diese letzte Weise verändern wird. Das bedeutet jedoch nur eine formale Schwierigkeit derselben Art wie die in Teil I im Zusammenhang mit der Erörterung der Bedingungen (16) erwähnten, die die stationären Zustände eines in einem zentralen Kraftfeld sich bewegenden Teilchens bestimmen. So erkennt man aus einer einfachen Überlegung, daß man in vollständiger Analogie mit den Beziehungen (52) und (53) im vorliegenden Falle für die Energiedifferenz zweier wenig verschiedener, demselben Wert von I entsprechender Zustände des gestörten Systems

$$\delta \Psi = \mathfrak{v}_1 \delta \mathfrak{J}_1 + \mathfrak{v}_2 \delta \mathfrak{J}_2 \ldots \ldots \ldots (59)$$

erhält; hier ist $\mathfrak{v}_1$ die durch die Änderung von α_2 und β_2 charakterisierte Frequenz, mit der die Gestalt der Bahn und ihre Lage zur Feldachse sich in regelmäßigen Zeitabständen wiederholen; ferner $\mathfrak{v}_2$ die durch die Änderung von β_3 charakterisierte Umdrehungsfrequenz der Bahnebene um diese Achse und endlich sind $\mathfrak{J}_1$ und $\mathfrak{J}_2$ durch die Gleichungen

$$\mathfrak{J}_1 = \int \alpha_2 D\beta_2, \quad \mathfrak{J}_2 = \int_0^{2\pi} \alpha_3 D\beta_3 = 2\pi\alpha_3 \ldots (60)$$

gegeben. Falls β_2 oszillatorisch mit der Zeit sich ändert, ist das erste Integral über eine vollständige Schwingungsperiode dieser Bahnkonstante zu erstrecken, wohingegen, wenn β_2 während dieser Störungen stetig zu- oder abnimmt, das Integral in dem Ausdruck für $\mathfrak{J}_1$ über ein Intervall von 2π zu nehmen ist, ebenso wie das Integral in dem Ausdruck für $\mathfrak{J}_2$. Bestimmen wir die stationären Zustände des gestörten Systems, mit Hilfe der beiden Bedingungen [1]

$$\mathfrak{J}_1 = n_1 h, \quad \mathfrak{J}_2 = n_2 h \ldots \ldots \ldots (61)$$

---

[1] Ganz abgesehen von dem Problem der gestörten periodischen Systeme würde die zweite dieser Bedingungen auch unmittelbar aus interessanten Betrachtungen von Epstein (Ber. d. D. Phys. Ges. **19**, 116, 1917) über die stationären Zustände von Systemen folgen, die das zulassen, was „partielle Separation der Variablen" heißen könnte. In diesem Falle ist es möglich, ein System von Lagenkoordinaten $q_1 \ldots q_s$ so zu wählen, daß für einige der Koordinaten die konjugierten Impulse als Funktionen allein des zugehörigen q angesehen werden können, so daß sich für diese Koordinaten durch (21) Größen I in

wo n_1 und n_2 ganze Zahlen sind, so sehen wir daher, daß wir die richtige Beziehung zwischen der Zusatzenergie $\mathfrak{E} = \Psi$ des gestörten Atoms und den Frequenzen der säkularen Störungen der Elektronenbahn erhalten. Überdies sieht man: Ein Zustand, in dem sich das Elektron in einer auf der Feldrichtung senkrecht stehenden Ebene in einer Kreisbahn bewegt, und den man von vornherein als stationär erkennt, weil während einer gleichmäßigen Felderzeugung diese Bahn keine säkularen Störungen erfährt, ist unter den durch (61) bestimmten Zuständen enthalten. Wenn nämlich n die den zugehörigen stationären Zustand des ungestörten Systems charakterisierende Zahl bezeichnet, so wird dieser Zustand des gestörten Systems dem Wertsystem $n_1 = 0$, $n_2 = n$ oder $n_1 = n$, $n_2 = n$ entsprechen, je nachdem β_2 während der Störungen zwischen festen Grenzen schwankt oder stetig zunimmt (oder abnimmt). Was die Anwendung der Bedingungen (61) betrifft, so ist es von Wichtigkeit zu bemerken, daß auf Grund von Betrachtungen über die Invarianz der apriorischen Wahrscheinlichkeit stationärer Zustände eines Atomsystems stetigen Transformationen der äußeren Bedingungen gegenüber (siehe Teil I, S. 10 und S. 37) der Schluß notwendig erscheint, daß es keinen $n_2 = 0$ entsprechenden stationären Zustand gibt. Für diesen Wert von n_2 würde die Bewegung in einer durch die Achse gehenden Ebene stattfinden, aber bei gewissen äußeren Feldern können solche Bewegungen nicht als physikalisch zu verwirklichende stationäre Zustände des Atoms gelten, da im Laufe der Störungen das Elektron mit dem Kerne zusammenstoßen müßte (vgl. S. 107).

Ein besonderer Fall eines achsensymmetrischen äußeren Feldes, in dem die säkularen Störungen sehr einfach sind, liegt

---

derselben Weise definieren lassen wie für Systeme, die eine vollständige Variablenseparation zulassen. In Analogie mit der Theorie der stationären Zustände der letztgenannten Systeme schlägt daher Epstein die Annahme vor, daß einige der in den stationären Zuständen der betreffenden Systeme zu erfüllenden Bedingungen dadurch erhalten werden können, daß man die so definierten I ganzen Vielfachen von h gleichsetzt. Man sieht, daß für Systeme mit einer Symmetrieachse diese Annahme zur zweiten der Bedingungen (61) führt, die die Forderung enthält, daß in stationären Zuständen der gesamte Drehimpuls um die Achse einem ganzen Vielfachen von $h/2\pi$ gleich sein muß. Wie in Teil I auf S. 47 bemerkt, scheint diese Bedingung auch eine unabhängige Stütze zu erhalten in Betrachtungen über die Erhaltung des Drehimpulses beim Übergang von einem stationären Zustand zum anderen.

vor, wenn die äußeren Kräfte ein zentrales Feld mit dem Kern im Mittelpunkt darstellen. In diesem Falle ist die Lösung des Problems, die stationären Zustände zu bestimmen, durch die in Teil I besprochene allgemeine Sommerfeldsche Theorie zentraler Systeme gegeben, die den Umstand benutzt, daß diese Systeme eine Variablenseparation in Polarkoordinaten zulassen. Im Zusammenhang mit den obigen Betrachtungen wird es aber vielleicht nützlich sein, dieses Problem unmittelbar vom Standpunkt der Störungstheorie periodischer Systeme zu betrachten, da das zentrale System einen einfachen Fall eines entarteten gestörten Systems darstellt. Im vorliegenden Falle wird Ψ außer von α_1 nur von α_2 abhängen, und aus Gleichung (46) erhalten wir daher das bekannte Ergebnis, daß der Drehimpuls des Elektrons und seine Bahnebene sich während der Störungen nicht verändern werden, und daß die einzige säkulare Wirkung des störenden Feldes in einer langsamen gleichmäßigen Drehung der großen Achse bestehen wird. Für die Frequenz dieser Rotation erhalten wir aus (46)

$$ \mathfrak{v} = \frac{1}{2\pi} \frac{D\beta_2}{Dt} = \frac{1}{2\pi} \frac{\partial \Psi}{\partial \alpha_2} \cdot \ldots \cdot (62)$$

und aus dieser Gleichung unmittelbar für den Unterschied zweier Werte von Ψ für zwei benachbarte Zustände des gestörten Systems, denen derselbe Wert von I entspricht,

$$ \delta \Psi = 2\pi \mathfrak{v} \delta \alpha_2 \cdot \ldots \cdot (63)$$

Diese Beziehung, die (56) entspricht, ist für den vorliegenden Fall mit der Gleichung (59) identisch, da hier $\mathfrak{v}_2 = 0$ und $\mathfrak{J}_1 = 2\pi \alpha_2$ ist. Aus (63) folgt, daß die notwendige Beziehung zwischen der Zusatzenergie des Atoms und der Frequenz der Störungen eingehalten ist, wenn die stationären Zustände bei Anwesenheit eines kleinen äußeren Feldes durch die Bedingung

$$ \mathfrak{J} = 2\pi \alpha_2 = nh \cdot \ldots \cdot (64)$$

gegeben sind, wo n eine ganze Zahl ist. Diese Bedingung, die gleichbedeutend mit der zweiten der Sommerfeldschen Bedingungen (16) ist, entspricht (58) und fällt mit der ersten der Bedingungen (61) zusammen, während die zweite von ihnen in dem betrachteten besonderen Fall ihre Gültigkeit verliert, entsprechend dem Umstand, daß die Orientierung der Bahnebene im Raume offenbar willkürlich ist. Da bei einer Keplerschen Bewegung die große Halbachse der Bahn nur von der Gesamtenergie abhängt, während die kleine Halbachse dem Drehimpuls proportional ist, so legt, wie man aus (64) sieht, die Anwesenheit eines kleinen äußeren Feldes den stationären Bewegungszuständen im Atom die Beschränkung auf, daß die kleine Halbachse der Elektronenbahn einem ganzen Vielfachen des $n$ten Teiles der nach (41) durch $2a_n$ gegebenen großen Achse gleich sein muß. Dieses Ergebnis wurde von Sommerfeld als eine Folgerung aus der Anwendung der Bedingungen (16) nachgewiesen.

Im vorstehenden haben wir gezeigt, wie man das Problem, die stationären Zustände eines gestörten periodischen Systems zu bestimmen, durch Untersuchung der säkularen Störungen der Gestalt und Lage der Bahn in Angriff nehmen, und wie man diese Zustände festlegen kann, wenn die Störungen von periodischem oder bedingt periodischem Typus sind. Während diese Betrachtungen die möglichen Werte der Gesamtenergie des gestörten Systems zu bestimmen gestatten, und somit auch die **Frequenzen** der Komponenten, in die die Spektrallinien des ungestörten Systems bei Anwesenheit des äußeren Feldes aufgespalten werden, ist es für die Untersuchung der **Intensitäten und Polarisationen** dieser Komponenten erforderlich, die Bewegung der Teilchen im gestörten System und die Beziehung der Gesamtenergie des Systems zu den Grundfrequenzen, die die Bewegung charakterisieren, genauer zu untersuchen. Betrachten wir zunächst für den Fall, daß die säkularen Störungen, wie sie durch (46) bestimmt sind, von bedingt periodischem Typus sind, die Verrückungen der Systemteilchen in einer vorgegebenen Richtung. Unter Vernachlässigung kleiner, der Intensität der äußeren Kräfte proportionaler Größen, lassen sie sich, wie man sieht, innerhalb eines Zeitraumes, groß genug, daß in ihm diese Kräfte Gestalt und Lage der Bahn wesentlich verändern können, als eine Summe harmonischer Schwingungen durch Ausdrücke vom Typus:

$$\xi = \sum C_{\tau, t_1, \ldots t_{s-1}} \cos 2\pi \{(\tau \omega_P + t_1 \mathfrak{v}_1 + \cdots t_{s-1} \mathfrak{v}_{s-1})t + c_{\tau, t_1 \ldots t_{s-1}}\} \cdots (65)$$

darstellen. Hier ist die Summation über alle positiven und negativen ganzen Werte von $\tau, t_1 \ldots t_{s-1}$ zu erstrecken, und die

C und die v sind zwei Systeme von Konstanten, von denen jenes nur von den Werten der durch (53) definierten Größen $\mathfrak{J}_1,\ldots \mathfrak{J}_{s-1}$ abhängt und von dem Wert der Größe I, die den entsprechenden, beim langsamen, gleichmäßigen Verschwinden des äußeren Feldes auftretenden Zustand des ungestörten Systems charakterisiert. Während die Größen $v_1 \ldots v_{s-1}$ dieselben wie die in der Formel (54) auftretenden sind, und die kleinen Frequenzen der säkularen Störungen der Gestalt und Lage der Bahn darstellen, kann die Größe ω_P als charakteristisch für die mittlere Umdrehungsfrequenz der Teilchen in ihrer angenähert periodischen Bahn angesehen werden. Was die Gesamtenergie des gestörten Systems betrifft, so kann ferner nachgewiesen werden, daß von kleinen, dem Quadrat der äußeren Kräfte proportionalen Größen abgesehen, der Unterschied der Gesamtenergie in zwei wenig verschiedenen Zuständen des gestörten Systems, für die sich die Werte von $I, \mathfrak{J}_1, \ldots \mathfrak{J}_{s-1}$ um $\delta I \delta \mathfrak{J}_1 \ldots \delta \mathfrak{J}_{s-1}$ bzw. unterscheiden, durch die Beziehung [1]:

$$\delta E = \omega_P \delta I + \sum_1^{s-1} v_k \delta \mathfrak{J}_k \ldots \ldots \ldots (66)$$

---

[1] Aus einem Vergleich mit Formel (8), die für die Energiedifferenz zweier Nachbarzustände des ungestörten Systems gilt, und mit Formel (52) erkennt man, daß (66) die Bedingung $\omega_P = \omega + \partial \psi/\partial I$ zur Folge hat, wo ω die Umdrehungsfrequenz in dem durch den gegebenen Wert von I charakterisierten, entsprechenden Zustand des ungestörten Systems ist, und wo in dem partiellen Differentialquotienten Ψ als eine Funktion von I_1 und $\mathfrak{J}_1 \ldots \mathfrak{J}_{s-1}$ zu betrachten ist. Diese Beziehung kann mit Hilfe einer auf die Störungsgleichungen (44) gestützten Überlegung bewiesen werden, die die einfache, für das ungestörte System geltende Beziehung zwischen α_1 und I berücksichtigt, sowie die Beziehung zwischen der mittleren Änderungsgeschwindigkeit von β_1 zum Unterschied von ω_P und ω. Wir wollen hier nicht auf die Einzelheiten der ziemlich mühsamen, zu diesem Beweise erforderlichen Rechnungen eingehen, da diese Probleme mit Hilfe einer anderen, analytischen Methode eine elegantere Behandlung zulassen. So wird Herr H. A. Kramers in der am Schlusse des § 4 erwähnten Arbeit zeigen: Wenn die säkularen Störungen, wie sie durch (46) bestimmt sind, von bedingt periodischem Typus sind, so gibt uns, ganz unabhängig von der Möglichkeit der Variablenseparation für das gestörte System in einem festen System von Lagenkoordinaten, die in diesem Paragraphen dargelegte Theorie der säkularen Störungen ein Mittel an die Hand, ein System von Winkelvariablen aufzustellen, das dazu dienen kann, die Bewegung des gestörten Systems mit demselben Grade der Annäherung wie das bei den obigen Berechnungen verwandte zu beschreiben. Nach der in der Anmerkung auf S. 39 in Teil I erwähnten Definition der Winkelvariablen bedeutet dies, daß man für die Lagenkoordinaten $q_1 \ldots q_s$ des gestörten Systems und ihre konjugierten Impulse $p_1 \ldots p_s$ ein neues System von s Variablen derart einführen kann, daß die q und p periodisch mit der Periode 1 in jeder

gegeben ist. Diese Gleichung geht für $\delta I = 0$ in (52) über und ist offenbar ganz analog der in Teil I aufgestellten Formel (29) für gewöhnliche bedingt periodische Systeme, die eine Variablenseparation in einem festen System von Lagenkoordinaten gestatten; geradeso wie (65) der die Teilchenverschiebungen eines solchen Systems darstellenden Formel (31) entspricht. Da überdies in vollständiger Analogie mit den Bedingungen (22) die stationären Zustände des gestörten Systems durch:

$$I = nh, \; \mathfrak{J}_k = \mathfrak{n}_k h \; (k = 1, \ldots s-1) \quad \ldots \ldots (67)$$

charakterisiert sind, sehen wir daher: Bei genügend kleiner Intensität der äußeren Kräfte erhalten wir in dem Gebiet der großen Werte von n und der $\mathfrak{n}$ zwischen den nach der Quantentheorie mit Hilfe der Beziehung (1) bestimmten Frequenzen der Komponenten der Spektrallinien und den nach der gewöhnlichen Elektrodynamik zu erwartenden Frequenzen einen Zusammenhang, der von genau demselben Typus ist wie der analoge in Teil I erörterte für den Fall gewöhnlicher, bedingt periodischer Systeme, die eine Separation der Variablen gestatten. In vollständiger Analogie mit den allgemeinen Überlegungen in Teil I werden wir daher zu gewissen, einfachen Schlußfolgerungen geführt, in bezug auf die Intensitäten und Polarisationen der Komponenten, in die die Spektrallinien des ungestörten periodischen

---

der neuen Variablen sind, wenn sie als Funktion dieser Variablen und ihrer kanonisch-konjugierten Impulse angesehen werden. Diese Impulse werden gerade mit den oben durch $I, \mathfrak{J}_1 \ldots \mathfrak{J}_{s-1}$ bezeichneten Größen zusammenfallen, und die entsprechenden Winkelvariablen können passend bzw. mit w, $\mathfrak{w}_1 \ldots \mathfrak{w}_{s-1}$ bezeichnet werden. Nach Einführung dieser neuen Variablen wird die Gesamtenergie des gestörten Systems, abgesehen von kleinen λ^2 proportionalen Größen, nur eine Funktion von $I, \mathfrak{J}_1 \ldots \mathfrak{J}_{s-1}$ sein. Mit dieser Annäherung finden wir daher durch eine Rechnung, analog der in der erwähnten Anmerkung angestellten, daß die Winkelvariablen $w, \mathfrak{w}_1 \ldots \mathfrak{w}_{s-1}$ als lineare Funktionen der Zeit in einem Zeitraum von der Größenordnung σ/λ dargestellt werden können. Wenn man nun die Änderungsgeschwindigkeiten von w, $\mathfrak{w}_1 \ldots \mathfrak{w}_{s-1}$ mit $\omega_p, \mathfrak{o}_1 \ldots \mathfrak{o}_{s-1}$ bzw. bezeichnet, so erhält man daher die Formeln (65) und (66) unmittelbar ebenso wie die entsprechenden Formeln (31) und (29) in Teil I. In diesem Zusammenhang mag bemerkt werden, daß auf Grund der Möglichkeit, Winkelvariablen einzuführen, die Bedingungen (67) in derselben Form erscheinen, in der die Bedingungen von Schwarzschild formuliert sind, die die stationären Zustände gewöhnlicher bedingt periodischer, eine Variablentrennung gestattender Systeme festlegen; Bedingungen, die, wie in der Anmerkung auf S. 41 in Teil I erwähnt, bereits von Burgers auf gewisse Systeme angewandt worden sind, für die eine solche Separation nicht möglich ist.

Systems bei Anwesenheit des äußeren Feldes aufgespalten werden. So werden wir einen engen Zusammenhang erwarten für die Wahrscheinlichkeit eines spontanen Überganges von einem stationären Zustand des gestörten Systems, für den $n = n'$, $n_k = n'_k$ ist, zu einem anderen, für den $n = n''$, $n_k = n''_k$ ist und den diesen Zuständen zukommenden Werten desjenigen Koeffizienten $C_{\tau, t_1 \ldots t_{s-1}}$ in den Ausdrücken für die Verschiebung der Teilchen, für den $\tau = n' - n''$ und $t_k = n'_k - n''_k$ ist. Wenn z. B. für ein gewisses System von Werten von τ und $t_1 \ldots t_{s-1}$ der Koeffizient $C_{\tau, t_1 \ldots t_{s-1}}$ in den Ausdrücken für die Verschiebungen nach jeder Richtung für alle Bewegungen des gestörten Systems verschwindet, so werden wir erwarten, daß die entsprechenden Übergänge von einem der stationären Zustände zum anderen bei Anwesenheit des gegebenen äußeren Feldes unmöglich sein werden; und wenn dieser Koeffizient nur für die Verschiebungen der Teilchen in einer bestimmten Richtung verschwindet, so werden wir erwarten, daß die entsprechenden Übergänge zu der Aussendung einer Strahlung Anlaß geben werden, die in einer auf dieser Richtung senkrecht stehenden Ebene polarisiert ist.

Auf ein charakteristisches Beispiel für die Anwendungen dieser Überlegungen treffen wir, wenn ein Wasserstoffatom einem Kraftfeld ausgesetzt ist, das um eine durch den Kern gehende Achse axiale Symmetrie besitzt. In Analogie zu der in Teil I auf S. 46 besprochenen Auflösung der Bewegung eines gewöhnlichen bedingt periodischen, achsensymmetrischen Systems in eine Reihe sie zusammensetzender harmonischer Schwingungen folgt aus der auf S. 76 gegebenen Erörterung über den allgemeinen Charakter der säkularen Störungen, daß in diesem Fall die Bewegung des Elektrons in dem gestörten Atom in eine Anzahl linearer harmonischer, der Achse paralleler Schwingungen von den Frequenzen $|\tau \omega_P + t_1 \mathfrak{o}_1|$ zerlegt werden kann und in eine Anzahl von Kreisschwingungen von den Frequenzen $|\tau \omega_P + t_1 \mathfrak{o}_1 + \mathfrak{o}_2|$ in einer auf der Achse senkrecht stehenden Ebene. In vollständiger Analogie mit den Betrachtungen in Teil I gelangen wir daher zu dem Schlusse, daß im gegenwärtigen Fall nur zwei Typen von Übergängen zwischen den stationären Zuständen des gestörten Systems möglich sind. Bei den Übergängen vom ersten Typus wird n_2 ungeändert bleiben, und die ausgesandte Strahlung Anlaß zu Komponenten der Wasserstofflinien geben, die lineare Polarisation parallel der Achse zeigen. Bei den Übergängen vom zweiten Typus wird sich n_2 um eine Einheit verändern und die ausgesandte Strahlung, in der Achsenrichtung beobachtet, zirkular polarisiert erscheinen. Erinnern wir uns, daß nach den Bedingungen (61) der Drehimpuls des Systems um die Achse in den stationären Zuständen gleich $n_2 h/2\pi$ ist, so sehen wir überdies, daß auch im vorliegenden Fall diese Schlüsse unabhängig von den obigen Überlegungen durch eine Betrachtung über die Erhaltung des Drehimpulses bei den Übergängen gestützt werden. [Vgl. Teil I, S. 48[1]).] Im folgenden werden wir diese Überlegungen anzuwenden haben, wenn wir die Wirkung elektrischer und magnetischer Felder auf Wasserstofflinien besprechen. Im letztgenannten Fall bedürfen indes die vorstehenden Betrachtungen gewisser Abänderungen, entsprechend dem Umstand, daß die auf das Elektron wirkenden Kräfte nicht von einem Potential, das eine Funktion seiner Lagenkoordinaten wäre, abgeleitet werden können; auf diesen Punkt werden wir in § 5 zurückkommen.

Ehe wir die allgemeine Theorie gestörter periodischer Systeme verlassen, wollen wir noch ein anderes Problem behandeln: Ein periodisches System, das unter dem Einfluß eines kleinen gegebenen äußeren Feldes säkulare Störungen von bedingt periodischem Typus erleidet, sei außerdem der Einwirkung eines zweiten äußeren Feldes unterworfen, das klein im Vergleich mit dem ersten ist. Aber die störende Wirkung des zweiten Feldes sei noch groß im Vergleich mit den kleinen, dem Quadrat der Intensität des ersten störenden Feldes proportionalen und bei den vorstehenden Berechnungen vernach-

---

[1]) In einer interessanten, eben veröffentlichten Arbeit von A. Rubinowicz (Phys. Zeitschr. **19**, 441 u. 465 (1918), wird eine ähnliche Betrachtung über die Erhaltung des Drehimpulses verwandt, um Schlüsse zu ziehen, die die Möglichkeit von Übergängen eines bedingt periodischen achsensymmetrischen Systems von einem stationären Zustand zu einem anderen betreffen, und den Charakter der Polarisation der diese Übergänge begleitenden Strahlung. Auf diese Weise ist Rubinowicz zu einigen der in der vorliegenden Arbeit erhaltenen Ergebnissen gelangt; in diesem Zusammenhang mag indes bemerkt werden, daß aus Betrachtungen über die Erhaltung des Drehimpulses es nicht möglich ist, nicht einmal für achsensymmetrische Systeme, ebenso genauen Aufschluß über die Zahl und den Polarisationszustand der möglichen Komponenten zu erhalten, wie aus Betrachtungen, die sich auf die Auflösung der Elektronenbewegungen in harmonische Schwingungen gründen.

lässigten Wirkungen auf die Bewegung. Dieses Problem besitzt eine weitgehende Analogie mit dem in Teil I kurz behandelten, von der Wirkung eines kleinen störenden Feldes auf das Spektrum eines bedingt periodischen Systems, das eine Variablenseparation gestattet. Wie auf S. 48 erwähnt, finden wir in diesem Fall, ganz unabhängig von der Möglichkeit einer Variablenseparation für das gestörte System, daß im allgemeinen die Bewegung unter dem Einfluß des äußeren Feldes noch als eine Summe von harmonischen Schwingungen durch eine Formel vom Typus (31) dargestellt werden kann, wenn wir von kleinen, dem Quadrat der störenden Kräfte proportionalen Gliedern absehen. Dementsprechend erkennen wir in dem betrachteten Fall, daß unabhängig von der Natur des zweiten äußeren Feldes die resultierenden säkularen Störungen im allgemeinen als eine Summe harmonischer Schwingungen von kleinen Frequenzen vom Typus (54) dargestellt werden können, abgesehen von kleinen Größen, die von derselben Größenordnung sind, wie das Produkt der durch das erste äußere Feld hervorgerufenen säkularen Störungen mit dem Quadrat des Verhältnisses zwischen den Intensitäten der von dem ersten und von dem zweiten äußeren Feld herrührenden Kräfte. Wir wollen dieses Verhältnis mit μ bezeichnen, und wie oben unter λ eine kleine Konstante von derselben Größenordnung wie das Verhältnis zwischen den äußeren vom ersten Feld herrührenden Kräften und den inneren Kräften des Systems verstehen. Auf Grund der allgemeinen Beziehung zwischen der Energie und der Frequenz in den stationären Zuständen dürfen wir dann erwarten, daß es möglich ist, die Bewegung in diesen Zuständen des gestörten Systems bei Anwesenheit beider äußeren Felder zu bestimmen, unter Vernachlässigung kleiner Glieder von derselben Größenordnung wie die größere der beiden Größen μ^2 und λ und die entsprechenden Werte für die Energie festzulegen, unter Vernachlässigung kleiner Glieder von derselben Größenordnung wie die größere der beiden Größen $\lambda \mu^2$ und λ^2 [1]).

---

[1]) In Analogie mit dem auf S. 70 angestellten Betrachtungen darf indessen erwartet werden, daß diese Fehlergrenze für die Festlegung der Energie in den stationären Zuständen nur für die überwiegende Mehrheit unter einer großen Anzahl von Atomsystemen gelten wird. So müssen wir z. B. im gegenwärtigen Fall darauf gefaßt sein, für einen kleinen Bruchteil von Systemen, der von derselben Größenordnung wie μ^2 ist, (wenn $\mu^2 > \lambda$ ist) zu finden, daß sich die Energie, von der durch die betrachtete Methode bestimmten um kleine Größen von derselben Größenordnung wie $\mu \lambda$ unterscheiden wird.

Im allgemeinen kann man jedoch die von dem zweiten äußeren Feld ausgehende Wirkung auf das Spektrum des gestörten Systems berechnen, ohne im einzelnen die störende Wirkung dieses Feldes in Betracht zu ziehen. Mit Hilfe des Prinzips von der mechanischen Transformierbarkeit der stationären Zustände ist es nämlich im allgemeinen möglich, mit der erwähnten Annäherung die von der Anwesenheit des zweiten äußeren Feldes herrührende Änderung der Systemenergie unmittelbar aus dem Charakter der durch das erste äußere Feld allein hervorgerufenen säkularen Störungen zu bestimmen. Wir wollen also annehmen, daß das zweite Feld langsam mit gleichförmiger Geschwindigkeit in einem Zeitraum von der gleichen Größenordnung hergestellt wird, wie derjenige, in dem das System nahezu durch jeden Zustand des Zyklus von Gestalten und Lagen hindurchgeht, den die Bahn in den stationären Zuständen bei alleiniger Anwesenheit des ersten äußeren Feldes durchläuft. Wenn wir ein Zeitintervall von dieser Größenordnung mit ϑ, das Potential des ersten störenden Feldes mit Ω bezeichnen, und das des zweiten mit $\varDelta\Omega$, so finden wir durch eine Rechnung, ganz analog der, die in Teil I auf S. 13 für die Änderung des Mittelwertes der Energie eines periodischen Systems bei einer langsamen Erzeugung eines kleinen äußeren Feldes gegeben wurde: Die durch Herstellung des zweiten äußeren Feldes in einem Zeitraum von der Größenordnung ϑ bewirkte Änderung des Mittelwertes von $\alpha_1 + \Omega$, wird eine kleine Größe von derselben Größenordnung wie $\vartheta(\varDelta\Omega^2)$ sein; aber in der oben verwandten Bezeichnung bedeutet das im allgemeinen eine kleine Größe von der Größenordnung $\lambda\mu^2$. Es folgt daher, daß mit dieser Annäherung die von der Anwesenheit des zweiten störenden Feldes herrührende Änderung der Energie in einem gegebenen stationären Zustand gleich dem Mittelwert des Potentials dieses Feldes ist, genommen über den Zyklus von Gestalten und Lagen, die die Bahn in dem entsprechenden stationären Zustand des gestörten Systems bei alleiniger Anwesenheit des ersten äußeren Feldes durchlaufen würde. Im allgemeinen wird daher die Wirkung auf das Spektrum in einer kleinen Verschiebung der ursprünglichen Komponenten bestehen, die der Intensität der von dem zweiten störenden Felde herrührenden Kräfte proportional ist; und was den Genauigkeitsgrad, mit dem diese Verschiebungen bestimmt sind, betrifft, so sieht man aus dem Obigen, daß, wenn μ kleiner als $\sqrt{\lambda}$ ist, die Festlegung der Energie in den stationären Zuständen bei Anwesenheit des zweiten äußeren Feldes und daher auch die Bestimmung der Frequenzen der Spektrallinien mit Hilfe von (1) denselben Genauigkeitsgrad gestattet, wie die Festlegung der Energie in den stationären Zuständen des ursprünglichen gestörten Systems. Wenn jedoch μ größer als $\sqrt{\lambda}$ ist, werden im allgemeinen die stationären Zustände nicht so gut definiert sein wie für das ursprüngliche System, und nach der Beziehung (1) werden wir daher erwarten, daß die Komponenten verwaschen sein werden, obgleich, solange μ klein, verglichen mit der Einheit, bleibt, die Breite dieser Komponenten klein bleibt, verglichen mit ihren Verschiebungen aus den Lagen, die sie bei alleiniger Anwesenheit des ersten äußeren Feldes besitzen. Nur wenn μ von derselben Größenordnung wie die Einheit ist, kann man erwarten, daß die gemeinsame Wirkung beider störender Felder in einem Zusammenfließen der Linien des ungestörten Systems besteht; ausgenommen natürlich den Fall, daß auch noch die von der gemeinsamen Anwesenheit beider störenden Felder herrührenden säkularen Störungen von bedingt periodischem Typus sind, wie das bei besonderen Problemen vorkommen kann. In bestimmten Fällen wird das zweite äußere Feld nicht nur zu kleinen Verschiebungen der ursprünglichen Komponenten Anlaß geben, sondern auch zum Erscheinen neuer Komponenten von kleinen μ^2 proportionalen Intensitäten. Dies tritt ein, wenn für das ursprüngliche, gestörte periodische System, auf Grund einer Eigentümlichkeit der Bewegung, in den Ausdrücken (65), die die Verschiebung der Teilchen als eine Summe harmonischer Schwingungen darstellen, gewisse bestimmten Kombinationen der Zahlen $\tau, t_1 \ldots t_{s-1}$ entsprechende Koeffizienten $C_{\tau, t_1 \ldots t_{s-1}}$ verschwinden, während bei Anwesenheit des zweiten äußeren Feldes diese Koeffizienten kleine μ proportionale Größen sind. [Vgl. Teil I S. 50[1]).] In den vorstehenden Betrachtungen haben wir angenommen, daß das gestörte System bei Anwesenheit des

---

[1]) Was den Grad der Bestimmtheit betrifft, mit der die Lagen der neuen Komponenten festgelegt sind, so müssen wir darauf vorbereitet sein, zu finden, daß die Frequenzen dieser Komponenten nur unter Vernachlässigung kleiner $\lambda \mu$ proportionaler Größen bestimmt sind. Vgl. die ausführliche Erörterung des Beispiels in § 5 auf S. 142.

ersten äußeren Feldes nicht entartet ist. Falls jedoch dieses System entartet ist, ist es offenbar unmöglich, durch eine unmittelbare Anwendung des Prinzips von der mechanischen Transformierbarkeit der stationären Zustände die Änderung der Energie in den stationären Zuständen des Systems zu bestimmen, die von der Anwesenheit eines zweiten, im Vergleich mit dem ersten, kleinen äußeren Feldes herrührt; denn, wie erwähnt, werden die stationären Zustände des Systems bei alleiniger Anwesenheit dieses Feldes nur durch eine Zahl von Bedingungen festgelegt sein, die geringer ist als die Zahl s der Freiheitsgrade, und daher werden die von dem System in diesen Zuständen durchlaufenen Zyklen der Gestalten und Lagen nicht vollständig bestimmt sein. Für die Berechnung der Energie der stationären Zustände wird es daher nötig sein, die säkulare störende Wirkung des zweiten äußeren Feldes auf diese Zyklen zu untersuchen. In dem besonderen Fall, wo die vom ersten Feld herrührenden säkularen Störungen einfach periodisch sind, sieht man auf diese Weise, daß das Problem, die stationären Zustände bei Anwesenheit des zweiten äußeren Feldes mit Hilfe der in diesem Paragraphen dargelegten Methode festzulegen, sich auf das Problem zurückführen läßt, die stationären Zustände eines Systems von $s-2$ Freiheitsgraden festzulegen. Wenn, wie bei den unten zu betrachtenden Anwendungen $s=3$ ist, gestattet dieses Problem eine allgemeine Lösung, und wir müssen daher erwarten, daß in diesem Fall die von einem beliebigen, gegen das erste Feld kleinen zweiten äußeren Feld ausgehende Wirkung auf das Spektrum des gestörten Systems in einer Aufspaltung jeder Komponente in eine Anzahl getrennter Komponenten bestehen wird, gerade wie die Wirkung eines beliebigen äußeren Feldes auf die Spektrallinien eines einfach periodischen Systems von zwei Freiheitsgraden. Mit Anwendungen der obigen Betrachtungen werden wir es zu tun haben, wenn wir die vereinigte Wirkung verschiedener äußerer Felder auf das Wasserstoffspektrum untersuchen, und die Wirkung eines äußeren Feldes auf die Spektren anderer Elemente; dieses letztgenannte Problem soll in Teil III behandelt werden.

§ 3. Die Feinstruktur der Wasserstofflinien.

Zu einer lehrreichen Anwendung der im vorigen Paragraphen angestellten Entwicklungen gibt die Untersuchung der

Feinstruktur der Wasserstofflinien Veranlassung; auf Grund der auf S. 23, Teil I erwähnten Sommerfeldschen Theorie läßt sie sich erklären, wenn man die durch die Relativitätstheorie geforderte kleine Änderung der Elektronenmasse mit der Geschwindigkeit berücksichtigt. In diesem Zusammenhang ist zunächst einmal zu bemerken, daß alle allgemeinen Überlegungen der vorstehenden Paragraphen, sowohl über die Beziehungen zwischen der Energie und Frequenz als auch über die mechanische Transformierbarkeit der stationären Zustände unverändert ihre Gültigkeit behalten, wenn die relativistischen Abänderungen in Betracht gezogen werden. Das folgt daraus, daß die Hamiltonschen Gleichungen (4), die die Grundlage aller früheren Entwicklungen bilden, auch in diesem Falle zur Beschreibung der Bewegung verwandt werden können. Wenn sich, auch bei Berücksichtigung der relativistischen Abänderungen, die Systembewegung als einfach periodisch, unabhängig von den Anfangsbedingungen ergibt, werden wir daher erwarten, daß die stationären Zustände nur durch die Bedingung $I = nh$ charakterisiert sind, und daß die Energie und Frequenz dieselben für alle, einem gegebenen Wert von n in dieser Gleichung entsprechenden Zustände sind. Ferner werden, auch unter Berücksichtigung der relativistischen Abänderungen, die stationären Zustände durch (22) zu bestimmen sein, wenn das System bedingt periodisch ist und eine Variablenseparation gestattet; während die stationären Zustände eines gestörten periodischen Systems auch bei Zugrundelegung der Relativitätstheorie durch die Bedingungen (67) zu charakterisieren sind, wenn die säkularen Störungen von bedingt periodischem Typus sind.

Nun ergibt sich bei Berücksichtigung der relativistischen Abänderungen die Bewegung der Teilchen im Wasserstoffatom nicht, wie in § 1 angenommen, als vollständig periodisch, sondern die Elektronenbahn wird demselben Typus angehören wie der, der nach der gewöhnlichen Newtonschen Mechanik auftreten würde, wenn das Anziehungsgesetz zwischen den Teilchen ein wenig von dem nach dem umgekehrten Quadrat der Entfernung abwiche. Sehen wir im Augenblick die Kernmasse als unendlich groß an, so wird das System eine Variablenseparation in Polarkoordinaten gestatten, und die stationären Zustände können daher durch die Bedingungen (16) bestimmt werden.

Auf diese Weise erhielt Sommerfeld einen Ausdruck für die Gesamtenergie in den stationären Zuständen, der unter Vernachlässigung kleiner Größen von höherer Ordnung als das Quadrat des Verhältnisses zwischen Elektronengeschwindigkeit und Lichtgeschwindigkeit c, durch

$$E = -\frac{2\pi N^2 e^4 m}{h^2 (n_1 + n_2)^2} \left[1 + \frac{\pi^2 N^2 e^4}{c^2 h^2 (n_1 + n_2)^2} \left(1 + 4 \frac{n_1}{n_2} \right) \right] \quad (68)$$

gegeben ist[1]). Hier ist, wie in den Entwicklungen von § 1, die Ladung und die Masse der Elektronen mit $-e$ und m bezeichnet, und um der Allgemeinheit willen die Kernladung mit Ne. Ferner sind n_1 und n_2 die ganzen Zahlen, die auf der rechten Seite der Bedingungen (16) multipliziert mit der Planckschen Konstante h auftreten. Während n_1 die Werte 0, 1, 2, ... annehmen kann, sieht man, daß für n_2 nur die Werte 1, 2, ... möglich sind; denn im vorliegenden Fall entspricht der Bedingung $n_2 = 0$ offenbar kein stationärer Zustand, weil bei einem solchen Zustand das Elektron mit dem Kern zusammenstoßen würde. Führt man die experimentellen Werte für e, h und c ein, so ergibt sich, daß e^2/hc eine kleine Größe von der Größenordnung 10^{-3} ist; und wenn nicht N groß ist, wird daher das zweite Glied in der Klammer auf der rechten Seite von (68) sehr klein im Vergleich mit der Einheit sein. Wenn wir ferner $n_1 + n_2 = n$ setzen, so sehen wir, daß der Faktor außerhalb der Klammer mit dem durch (41) in § 1 für W_n gegebenen Ausdruck übereinstimmt, abgesehen von der kleinen Korrektion wegen der Endlichkeit der Kernmasse. Wir finden also, daß wegen des zweiten Gliedes in der Klammer für jeden Wert von n die Formel (68) eine Reihe von Werten liefert, die ein wenig voneinander und von $-W_n$ abweichen. Die Sommerfeldsche Theorie führt daher zu einer unmittelbaren Erklärung dafür, daß die Wasserstofflinien, mit Instrumenten von hohem Auflösungsvermögen beobachtet, in eine Zahl dicht beieinander liegender Komponenten aufgespalten erscheinen, und mit Hilfe

---

[1]) A. Sommerfeld, Ann. d. Phys. **51**, 53 (1916); vgl. auch P. Debye, Phys. Zeitschr. **27**, 512 (1916). Für den besonderen Fall der Kreisbahnen ($n_1 = 0$) fällt dieser Ausdruck mit dem zusammen, den der Verfasser [Phil. Mag. **29**, 332 (1915); Abh. üb. Atombau, Abh. VII] durch eine unmittelbare Anwendung der Bedingung $I = nh$ auf diese periodischen Bewegungen abgeleitet hat.

der Formel (68) in Verbindung mit der Beziehung (1) war es tatsächlich möglich, innerhalb der Grenzen der Beobachtungsfehler die Frequenzen für die Komponenten der sogenannten Feinstruktur der Wasserstofflinien abzuleiten. In überzeugender Weise wurde überdies eine Stütze der Theorie die jüngste Paschensche Untersuchung[1]) über die Feinstruktur derjenigen Linien des analogen Heliumspektrums, deren Frequenzen angenähert durch die Formel (35) dargestellt werden, wenn wir in dem durch (40) gegebenen Ausdruck für K die Zahl $N = 2$ setzen. Wie das nach (68) zu erwarten war, zeigten die Komponenten dieser Linie Unterschiede in den Wellenzahlen, die um ein Vielfaches größer waren als die der entsprechenden Wasserstofflinien, und aus seinen Messungen schloß Paschen, daß man auf Grund der Sommerfeldschen Theorie die Frequenzen aller beobachteten Komponenten vollständig erklären kann.

Wir werden hier nicht auf die Einzelheiten der zu (68) führenden Berechnung eingehen, sondern nur zeigen, wie diese Formel einfach vom Standpunkt der Theorie gestörter periodischer Systeme gedeutet werden kann. Aus einer einfachen Anwendung der relativistischen Mechanik ergibt sich nämlich, daß, wenn die Gleichung einer Keplerschen Ellipse in Polarkoordinaten durch die Beziehung $r = f(\vartheta)$ gegeben ist, in dem betrachteten Fall die Gleichung der Elektronenbahn $r = f(\gamma \vartheta)$ lautet, unter γ eine durch $\gamma^2 = 1 - \left(\dfrac{Ne^2}{pc}\right)^2$ gegebene Konstante verstanden, wo p den Drehimpuls des Elektrons um den Kern bedeutet[2]). Nun ist in den stationären Zuständen die Größe in der Klammer, die von derselben Größenordnung ist wie das Verhältnis von Elektronen- und Lichtgeschwindigkeit, sehr klein, falls N keine sehr große Zahl ist, und man sieht daher, daß die Elektronenbahn als eine periodische Bahn beschrieben werden kann, der eine langsame, gleichförmige Drehung überlagert ist. Wenn wir die Umdrehungsfrequenz in der periodischen Bahn mit ω bezeichnen, und die Frequenz der überlagerten Rotation mit ω_R, so erhalten wir, unter Vernachlässigung von Größen,

---

[1]) F. Paschen, Ann. d. Phys. **50**, 901 (1916), s. auch E. J. Evans und C. Croxson, Nature **97**, 56 (1916).
[2]) Siehe z. B. A. Sommerfeld, a. a. O., S. 47.

die von höherer Ordnung klein sind, als das Quadrat des Verhältnisses zwischen der Elektronen- und Lichtgeschwindigkeit:

$$v_R = \omega(1-\gamma) = \frac{1}{2}\omega\left(\frac{Ne^2}{pc}\right)^2 \quad \cdots \quad (69)$$

Vergleichen wir nun diese Formel mit der Gleichung (62) und erinnern uns, daß mit der Annäherung, mit der wir uns hier begnügen, p durch die in § 2 mit α_2 bezeichnete Größe ersetzt werden kann, so sehen wir, daß die säkulare Umdrehungsfrequenz der Bahn dieselbe sein wird wie die, welche aufträte, wenn die Massenveränderlichkeit des Elektrons zu vernachlässigen, das Atom aber einer kleinen äußeren zentralen Kraft unterworfen wäre, deren Potential einen Mittelwert, genommen über einen Elektronenumlauf, vom Betrage gleich

$$\Psi = -\omega\frac{\pi N^2 e^4}{c^2\alpha_2} \quad \cdots \cdots \quad (70)$$

besäße. Dies jedoch ist, wie leicht nachzuweisen, der Ausdruck für Ψ, der einer kleinen, sich umgekehrt mit der dritten Potenz der Entfernung verändernden Anziehungskraft entspricht. Wir wollen nämlich mit $\Omega = \dfrac{C}{r^2}$ das Potential einer solchen Kraft bezeichnen, wo C eine Konstante und r die Länge des Radiusvektors vom Kern zum Elektron bedeutet. Mit Hilfe der Beziehung $\alpha_2 = mr^2\dot{\vartheta}$, unter ϑ den Winkelabstand des Radiusvektors von einer festen Geraden in der Bahnebene verstanden, erhalten wir dann

$$\Psi = \frac{1}{\sigma}\int_0^\sigma \frac{C}{r^2}dt = \frac{\omega m C}{\alpha_2}\int_0^{2\pi}d\vartheta = \frac{2\pi\omega m C}{\alpha_2},$$

ein Ausdruck, der offenbar in (70) übergeht, wenn

$$C = -\frac{N^2 e^4}{2c^2 m}$$

gesetzt wird.

Berücksichtigen wir nun die relativistischen Abänderungen und stellten wir uns für einen Augenblick vor, daß der Kern außer seiner gewöhnlichen Anziehung noch eine kleine Abstoßung auf das Elektron ausübte, die umgekehrt proportional der dritten Potenz der Entfernung wäre und entgegengesetzt gleich der eben erwähnten Anziehung, so würden wir nach dem eben Bemerkten ein System erhalten, für das bei Vernachlässigung von Größen, die von höherer Ordnung klein sind als das Quadrat des Verhältnisses der Elektronen- zur Lichtgeschwindigkeit, jede Bahn unabhängig von den Anfangsbedingungen periodisch wäre, und für das daher die stationären Zustände durch die einzige Bedingung $I = nh$ bestimmt wären. Nun kann das wirkliche Wasserstoffatom offenbar als ein gestörtes System angesehen werden, das aus diesem periodischen System besteht, wenn es einem kleinen zentralen Feld unterworfen wird, für das der Wert von Ψ durch (70) gegeben ist. Mit der hier in Betracht kommenden Annäherung erhalten wir daher für die Gesamtenergie in den stationären Zuständen des Atoms

$$E = E'_n - \frac{8\pi^4 N^4 e^8 m}{h^4 c^2} \frac{1}{n^3 \mathfrak{n}} \quad \ldots \ldots (71)$$

wo E'_n die Energie in den stationären Zuständen des eben erwähnten periodischen Systems bedeutet, und wo das letzte Glied erhalten wird, wenn man in (70) den durch (64) gegebenen Wert von α_2 und den durch (41) gegebenen Wert von ω_n einsetzt, unter Vernachlässigung der kleinen wegen der Endlichkeit der Kernmasse erforderlichen Korrektion. Erinnern wir uns, daß in unserer Bezeichnung $n_1 + n_2 = n$ und $n_2 = \mathfrak{n}$ ist, so sehen wir, daß in bezug auf die kleinen Unterschiede der Energie in den verschiedenen demselben Wert von n entsprechenden stationären Zuständen die Formel (71) dasselbe Ergebnis liefert wie die Sommerfeldsche Formel (68). Bei einem Vergleich von (68) und (71) erhalten wir nämlich

$$E'_n = -\frac{2\pi^2 N^2 e^4 m}{h^2 n^2} \left(1 - \frac{3\pi^2 N^2 e^4}{c^2 h^2 n^2}\right) \quad \ldots \ldots (72)$$

also offenbar einen Ausdruck, der Funktion von n allein ist. Wir hätten ihn auch unmittelbar aus der Beziehung $I = nh$ ableiten können, durch Betrachtung z. B. einer Kreisbahn, für welchen Fall die Rechnung sich sehr leicht durchführen läßt.

Im Zusammenhang mit den obigen Berechnungen mag daran erinnert werden, daß der zu den Formeln (68) oder (71) führenden Festlegung der stationären Zustände die Annahme zugrunde liegt, die Bewegung des Elektrons könne bestimmt werden wie die eines in einem konservativen Kraftfeld nach den Gesetzen der gewöhnlichen relativistischen Mechanik sich bewegenden Massenpunktes; wir haben also von allen solchen Kräften abgesehen, die nach der gewöhnlichen Theorie der Elektrodynamik auf ein beschleunigtes Teilchen wirken und die Reaktion darstellen würden von seiten der Strahlung, die nach dieser Theorie die Bewegung des Elektrons begleiten sollte. Irgend ein Vorgehen dieser Art, das eine vollständige Abkehr von der gewöhnlichen elektrodynamischen Theorie bedeutet, ist offenbar in der Quantentheorie unvermeidlich, weil man sonst in den stationären Zuständen eine Energiezerstreuung fände. Aber bei unserer vollständigen Unkenntnis des Strahlungsmechanismus müssen wir darauf gefaßt sein, zu finden, das die obige Behandlung die Bewegung in den stationären Zuständen nur mit einer Annäherung zu bestimmen gestattet: Wir müssen von Größen absehen, die von derselben Ordnung klein sind wie nach der gewöhnlichen Elektrodynamik das Verhältnis zwischen den Strahlungskräften und den Hauptkräften der von dem Kern auf das Elektron ausgeübten Anziehung[1]). Nun ist leicht zu zeigen, daß dieses Verhältnis eine kleine Größe von der Größenordnung $N^2 \left(\dfrac{e^2}{pc}\right)^3$ ist, und es scheint daher von vornherein gerechtfertigt, in dem Ausdruck für die Gesamtenergie der stationären Zustände kleine Glieder von der Größenordnung des zweiten Gliedes in (71) beizubehalten, während es zugleich als höchst fraglich

---

[1]) Vgl. Teil I, S. 5. In diesem Zusammenhang mag bemerkt werden: Offenbar ist der Annäherungsgrad für die Bestimmung der Frequenzen eines Atomsystems mit Hilfe der Beziehung (1), wenn wir bei der Festlegung der stationären Zustände kleine Größen vernachlässigen von der Größenordnung der in der gewöhnlichen Elektrodynamik angenommenen Strahlungskräfte eng verbunden mit der Grenze für die Schärfe der Spektrallinien, die von der Gesamtzahl der Wellen in der bei dem Übergang von einem stationären Zustand zum anderen ausgesandten Strahlung abhängt. Auf Grund nämlich einer von dem allgemeinen Zusammenhang zwischen der Quantentheorie und der gewöhnlichen Strahlungstheorie ausgehenden Betrachtung scheint die Annahme natürlich, daß der Betrag der Strahlung der in einem bestimmten Zeitintervall bei einem solchen Übergang ausgesandt wird, von derselben Größenordnung ist wie der Betrag der Strahlung, der von dem System in diesen Zuständen nach der gewöhnlichen Elektrodynamik in demselben Zeitintervalle ausgesandt würde. Das aber scheint zu bedeuten, daß die Gesamtzahl dieser Wellen gerade von derselben Größenordnung sein wird wie das Verhältnis zwischen den auf die Systemteilchen wirkenden Hauptkräften und der nach der gewöhnlichen Elekrodynamik zu erwartenden Reaktionskraft der Strahlung.

erscheinen kann, ob es einen physikalischen Sinn hat, in dem vollständigen, von Sommerfeld und Debye auf Grund der Bedingungen (16) abgeleiteten Ausdruck für die Gesamtenergie der stationären Zustände Glieder beizubehalten, die von höherer Größenordnung sind als die in Formel (68) vorkommenden; falls nicht N eine große Zahl ist, wie in der in Teil III zu besprechenden Theorie der Röntgenspektren.

Während die vorstehenden Betrachtungen, die die Bestimmung der Energie in den stationären Zuständen des Wasserstoffatoms behandeln, die Berechnung der Frequenz der bei dem Übergang von einem solchen Zustand zum anderen ausgesandten Strahlung zu berechnen gestatten, lassen sie die Frage ganz unberührt, wovon nun tatsächlich das Eintreten dieser Übergänge in dem leuchtenden Gas abhängt, und geben daher keinen unmittelbaren Aufschluß über die Zahl und relativen Intensitäten der Komponenten, in die, wie wir zu erwarten haben, wegen der relativistischen Abänderungen die Wasserstofflinien aufgespalten werden müssen. Dieses Problem ist kürzlich von Sommerfeld[1]) behandelt worden, der in diesem Zusammenhang großen Nachdruck darauf legt, daß man den stationären Zuständen, die durch verschiedene Werte der n in den Bedingungen (16) charakterisiert sind, verschiedene apriorische Wahrscheinlichkeiten beizulegen habe. So versucht Sommerfeld ein Maß für die relativen Intensitäten der Feinstrukturkomponenten einer gegebenen Linie zu erhalten, indem er die beobachteten Intensitäten mit den Produkten der apriorischen Wahrscheinlichkeiten für die zwei Zustände vergleicht, die der Emission der betrachteten Komponenten entsprechen; und er versucht in diesem Zusammenhang verschiedene Ausdrücke für diese apriorischen Wahrscheinlichkeiten zu prüfen (siehe Teil I, S. 36). Indes hat es sich auf diesem Wege nicht als möglich herausgestellt in einer befriedigenden Weise die Beobachtungen zu erklären; und die Schwierigkeit, auf dieser Grundlage zu einer Erklärung der Intensitäten zu gelangen, traten auch überzeugend durch den Umstand zutage, daß die Zahl und die relativen Intensitäten der beobachteten Komponenten sich in bemerkenswerter Weise mit den experimentellen Bedingungen

---

[1]) A. Sommerfeld, Ber. Akad. München 1917, S. 83.

veränderten, unter denen die Linien erregt wurden. So fand Paschen eine größere Zahl von Komponenten in der eben erwähnten Feinstruktur der Heliumlinien, wenn das Gas einer kondensierten intermittierenden Entladung unterworfen wurde, als wenn Gleichspannung angewandt wurde. Es scheint indes, daß alle beobachteten Erscheinungen eine einfache Erklärung finden auf Grund der allgemeinen Überlegungen über die in Teil I erörterte Beziehung zwischen der Quantentheorie der Linienspektren und der gewöhnlichen Strahlungstheorie. Nach dieser Beziehung werden wir annehmen, daß die Wahrscheinlichkeit für einen Übergang von einem stationären Zustand zum anderen nicht nur von der apriorischen Wahrscheinlichkeit dieser Zustände, die ihre Häufigkeit in einer im statistischen Gleichgewicht befindlichen Verteilung bestimmt, abhängen wird, sondern auch wesentlich von der Bewegung der Teilchen in diesen Zuständen, die durch die harmonischen Schwingungen charakterisiert sind, in die die Bewegung aufgelöst werden kann. Nun stellt bei Abwesenheit äußerer Kräfte die Bewegung des Elektrons im Wasserstoffatom einen besonderen einfachen Fall der Bewegung eines achsensymmetrischen bedingt periodischen Systems dar und läßt sich daher durch trigonometrische Reihen von dem in Teil I für solche Bewegungen abgeleiteten Typus darstellen. Wählen wir eine durch den Kern gehende senkrecht auf der Bahnebene stehende Gerade als z-Achse, so erhalten wir aus den auf S. 45 u. 46 angestellten Rechnungen

$$z = \text{const}$$

und

$$\left. \begin{aligned} x &= \Sigma\, C_\tau \cos 2\pi \{(\tau\omega_1 + \omega_2)\, t + c_\tau\}, \\ \pm y &= \Sigma\, C_\tau \sin 2\pi \{(\tau\omega_1 + \omega_2)\, t + c_\tau\} \end{aligned} \right\} \quad \ldots \quad (73)$$

wo ω_1 die Frequenz der Radialbewegung ist und ω_2 die mittlere Umdrehungsfrequenz, und wo die Summation über alle positiven und negativen ganzen Werte von τ zu erstrecken ist. Man sieht also, daß sich die Bewegung als eine Überlagerung einer Anzahl zirkular harmonischer Schwingungen auffassen läßt, für die der Umdrehungssinn derselbe oder der entgegengesetzte ist, wie der des Elektrons um den Kern, je nachdem der Ausdruck $\tau\omega_1 + \omega_2$ positiv oder negativ ist. Auf Grund der eben erwähnten Beziehung zwischen der Quantentheorie der Linienspektren und der gewöhnlichen Strahlungstheorie werden wir daher im vorliegenden Falle erwarten, daß, wenn das Atom nicht durch äußere Kräfte gestört ist, nur solche Übergänge zwischen den stationären Zuständen möglich sein werden, bei denen die Bahnebene ungeändert bleibt und bei denen die Zahl n_2 in den Bedingungen (16) um eine Einheit abnimmt oder zunimmt, d. h. bei denen der Drehimpuls des Elektrons um den Kern um $\frac{h}{2\pi}$ abnimmt oder zunimmt. Nach der betrachteten Beziehung werden wir ferner erwarten, daß ein enger Zusammenhang bestehen wird zwischen der Wahrscheinlichkeit eines spontanen Überganges dieser Art von einem stationären Zustand, für den $n_1 = n_1'$ ist, zu einem anderen, für den $n_1 = n_1''$ ist, und der Intensität der Strahlung von der Frequenz $(n_1' - n_1'')\,\omega_1 \pm \omega_2$, die nach der gewöhnlichen Elektrodynamik von dem Atom in diesen Zuständen ausgesandt würde, und abhängen würde von der Amplitude C_τ der in der Bewegung des Elektrons enthaltenen $\tau = \pm (n_1' - n_1'')$ entsprechenden harmonischen Kreisschwingung. Ohne uns auf eine nähere Betrachtung der Zahlwerte für diese Amplituden einzulassen, sehen wir von vornherein, daß die Amplituden derjenigen Kreisschwingungen, die denselben Drehungssinn wie das Elektron haben, im allgemeinen beträchtlich größer sein müssen als die Amplituden der Kreisschwingungen von entgegengesetztem Drehsinn, und wir haben demgemäß zu erwarten, daß die Wahrscheinlichkeit eines spontanen Überganges im allgemeinen viel größer für Übergänge sein wird, bei denen der Drehimpuls abnimmt als bei denen er zunimmt. Diese Erwartung findet durch Paschens Beobachtungen über die Feinstruktur der Heliumlinien ihre Bestätigung; sie zeigen, daß für eine gegebene Linie, die den Übergängen der erstgenannten Art entsprechenden Komponenten bei weitem die stärksten sind. Auf Paschens Photographien erscheint indes, besonders, wenn man in der das Gas enthaltenden Vakuumröhre eine kondensierte Entladung stattfinden läßt, außer den Hauptkomponenten, denen Übergänge mit einer Änderung des Drehimpulses um $\frac{h}{2\pi}$ entsprechen, noch eine Anzahl schwächerer Komponenten, entsprechend solchen Übergängen, für die der Drehimpuls ungeändert bleibt oder sich um höhere

Vielfache von $\frac{h}{2\pi}$ verändert. Dieser Tatbestand erfährt eine einfache Deutung auf Grund der in Teil I, S. 49 angestellten Betrachtung über die Wirkung kleiner äußerer Kräfte auf das Spektrum eines bedingt periodischen Systems. So wird bei Anwesenheit kleiner störender Kräfte die Bewegung im allgemeinen nicht auf eine Ebene beschränkt bleiben und in der die Verrückung des Elektrons im Raume darstellenden trigonometrischen Reihe werden kleine Glieder, entsprechend den Frequenzen $\tau_1 \omega_1 + \tau_2 \omega_2$ vorkommen, wo τ_2 auch verschieden von 1 sein kann. Bei der Anwesenheit solcher Kräfte werden wir daher erwarten, daß zu den gewöhnlichen Wahrscheinlichkeiten der oben erwähnten Hauptübergänge noch kleine Wahrscheinlichkeiten für andere Übergänge auftreten werden[1]). Eine ausführliche Erörterung dieser Probleme wird in einer späteren Arbeit von Herrn H. A. Kramers gegeben werden; auf meinen Vorschlag hin hat er es freundlichst unternommen, die Auflösung der Elektronenbewegung in die sie zusammensetzenden harmonischen Schwingungen genauer zu untersuchen und hat explizite Ausdrücke für die Amplituden dieser Schwingungen abgeleitet, nicht nur für die Elektronenbewegung im ungestörten Atom, sondern auch für die gestörte Bewegung bei Anwesenheit eines kleinen, homogen äußeren elektrischen Feldes. Wie Herr Kramers zeigen wird, gestatten diese Berechnungen im besonderen die Beobachtungen über die relativen Intensitäten der Komponenten der Wasserstoffeinstruktur und der entsprechenden Heliumfeinstruktur zu erklären, sowie die charakteristische Art, in der diese Erscheinung durch Veränderung der experimentellen Bedingungen beeinflußt wird.

§ 4. Die Wirkung eines äußeren elektrischen Feldes auf die Wasserstofflinien.

Wie in der Einleitung erwähnt, haben Epstein und Schwarzschild eine ausführliche Theorie der von Stark entdeckten charakteristischen Wirkung eines äußeren homogenen elektrischen

---

[1]) Wie in Teil I bemerkt, erfahren diese Betrachtungen dadurch eine überzeugende Bestätigung, daß in den gewöhnlichen Spektren des Heliums und anderer Elemente neue Linienserien auftreten, wenn die Atome einem starken äußeren elektrischen Felde ausgesetzt werden. Wie in Teil III genauer

Feldes auf das Wasserstoffspektrum gegeben auf der Grundlage der allgemeinen Theorie bedingt periodischer Systeme, die eine Variablenseparation gestatten. Ehe wir indes in die Erörterung der von diesen Forschern erhaltenen Rechnungsergebnisse eintreten, werden wir erst zeigen, wie das Problem in einfacher Weise mit Hilfe der in § 2 entwickelten Betrachtungen über gestört periodische Systeme behandelt werden kann.

Wir wollen ein Elektron von der Masse m und der Ladung $-e$ betrachten, das um einen positiven Kern von unendlich großer Masse und der Ladung Ne rotiert und einem homogenen elektrischen Feld von der Intensität F unterworfen ist und wollen für den Augenblick die kleine Wirkung der relativistischen Abänderungen vernachlässigen. Wenn wir uns rechtwinkliger Koordinaten bedienen und den Kern als Ursprung und die z-Achse dem äußeren Feld parallel wählen, so erhalten wir für das Potential des Systems in bezug auf das äußere Feld unter Vernachlässigung einer willkürlichen Konstanten

$$\Omega = eFz.$$

Berechnen wir nun den Mittelwert von Ω, genommen über eine Periode σ der ungestörten Bewegung, so sehen wir sofort aus Symmetriebetrachtungen, daß dieser Mittelwert Ψ nur von der Komponente des äußeren Feldes in der Richtung der großen Achse der Bahn abhängt. Wir erhalten daher

$$\Psi = eF\cos\varphi \, \frac{1}{\sigma}\int_0^\sigma r\cos\vartheta \, dt,$$

wo φ der Winkel zwischen der z-Achse und der großen Achse ist, diese genommen in der Richtung vom Kern zum Aphel, r die Länge des Radiusvektors vom Kern zum Elektron und ϑ der Winkel zwischen diesem Radiusvektor und der großen Achse. Mit Hilfe der bekannten Gleichungen für eine Keplersche Bewegung

$$r\cos\vartheta = a(\cos u + \varepsilon), \quad \frac{dt}{\sigma} = (1 + \varepsilon\cos u)\frac{du}{2\pi},$$

---

auseinandergesetzt wird, kann man auf diesem Wege auch in Einzelheiten die mannigfaltigen kürzlich von J. Stark (Ann. d. Phys. **56**, 577 [1918]) und von G. Liebert (ebenda S. 589 und 610) veröffentlichten Ergebnisse über das Erscheinen solcher Serien im Heliumspektrum erklären.

unter $2a$ die große Achse, unter ε die Exzentrizität und unter u die sogenannte exzentrische Anomalie verstanden, ergibt dies

$$\Psi = eF\cos\varphi \frac{1}{2\pi}\int_0^{2\pi} a(\cos u + \varepsilon)(1 + \varepsilon \cos u)du = \frac{3}{2}\varepsilon a eF\cos\varphi \cdot \quad (74)$$

Wir sehen daher, daß Ψ gleich der potentiellen Energie in bezug auf das äußere Feld ist, die das System besitzen würde, wenn das Elektron sich in einem Punkt befände, der auf der großen Achse der Ellipse liegt und den Abstand $2\varepsilon a$ zwischen den Brennpunkten im Verhältnis $3:1$ teilt. Dieser Punkt mag als „elektrischer Schwerpunkt" der Bahn bezeichnet werden. Aus der in § 2 bewiesenen angenäherten Unveränderlichkeit der Größe Ψ während der Bewegung folgt daher zunächst, daß, unter Vernachlässigung von Größen, die von derselben Größenordnung klein sind wie das Verhältnis zwischen der äußeren Kraft und der vom Kern herrührenden Anziehung, der **elektrische Schwerpunkt während der Störungen der Bahn in einer senkrecht auf der äußeren Feldrichtung stehenden festen Ebene bleiben wird.** Ferner folgt aus den in § 2 angestellten Überlegungen, daß die Gesamtenergie in den stationären Zuständen des Systems bei Anwesenheit des Feldes unter Vernachlässigung kleiner, F^2 proportionaler Größen gleich $E_n + \Psi$ sein wird, wo E_n die Energie des Wasserstoffatoms in seinem ungestörten Zustand bedeutet. Da sowohl ε als auch $\cos\varphi$ numerisch kleiner als 1 sind, so erhalten wir sofort aus (74) eine untere und obere Grenze für die von dem Feld herrührenden möglichen Veränderungen der Energie in den stationären Zuständen. Führen wir nach (41) die Werte von E_n und a_n ein und vernachlässigen hier sowohl wie in den folgenden Berechnungen dieses Paragraphen, die kleine von der Endlichkeit der Kernmasse herrührende Korrektion — nicht nur in dem Ausdruck für die Zusatzenergie, sondern auch der Kürze halber im Hauptgliede —, so erhalten wir für diese Grenzen

$$E = -\frac{2\pi^2 N^2 e^4 m}{h^2 n^2} \pm \frac{3h^2 n^2}{8\pi^2 Nem}F \quad \cdots \quad (75)$$

Diese Formel stimmt mit dem Ausdruck überein, den der Verfasser früher abgeleitet hat, indem er die Bedingung $I = nh$ auf die zwei (physikalisch nicht realisierbaren) den Werten $\varepsilon = 1$

und cos $\varphi = \pm 1$ entsprechenden Grenzfälle anwandte, in denen die Bahn bei Anwesenheit des Feldes periodisch bleibt¹).

Um weiteren Aufschluß über die Werte der Energie in den stationären Zuständen bei Anwesenheit des Feldes zu erhalten, ist es nötig, genauer die Veränderung der Bahn während der Störungen zu betrachten. Da die äußeren Kräfte axiale Symmetrie besitzen, so könnte das Problem, die stationären Zustände aufzufinden, mit Hilfe des in § 2 auf S. 77 angegebenen Verfahrens behandelt werden. In dem vorliegenden besonderen Fall können jedoch die stationären Zustände des Atoms deshalb sehr einfach bestimmt werden, weil die säkularen Störungen unabhängig von der Anfangsgestalt und der Anfangslage einfach periodisch sind, so daß wir es mit einem entarteten Fall eines gestörten periodischen Systems zu tun haben. Diese Eigenschaft der Störungen folgt schon aus Rechnungen, die Schwarzschild²) bei einem früheren Versuch angestellt hat, den Starkeffekt der Wasserstofflinien ohne Hilfe der Quantentheorie durch eine unmittelbare Betrachtung der harmonischen Schwingungen zu erklären, in die die Bewegung sich nach der analytischen Theorie der bedingt periodischen Systeme auflösen läßt. Ausgehend von dem oben erhaltenen Ergebnis, daß sich der elektrische Schwerpunkt in einer senkrecht auf der äußeren Feldrichtung stehenden Ebene bewegt, kann die Periodizität der Störungen auch auf folgende Weise bewiesen werden, mit Hilfe einer einfachen Betrachtung über die durch die äußere elektrische Kraft bewirkte Veränderung des Drehimpulses des Elektrons um den Kern.

Wir wollen uns wieder rechtwinkliger Koordinaten mit dem Kern als Ursprung und der z-Achse parallel der Richtung des elektrischen Feldes bedienen, und die Koordinaten des elektrischen Schwerpunktes ξ, η, ζ nennen. Dann haben wir nach der Formel (74)

$$\xi^2 + \eta^2 + \zeta^2 = \left(\tfrac{3}{2}\varepsilon a\right)^2, \quad \zeta = \text{const} \quad \ldots \ldots \ldots (1^*)$$

Betrachten wir den Drehimpuls des Elektrons um den Kern als einen Vektor und bezeichnen seine Komponenten nach der x-, y- und z-Achse mit P_x, P_y, P_z, so haben wir ferner

$$P_x^2 + P_y^2 + P_z^2 = (1 - \varepsilon^2)(2\pi m a^2 \omega)^2, \quad P_z = \text{const} \ldots (2^*)$$

---

¹) Siehe N. Bohr, Phil. Mag. **27**, 506 (1914), und **30**, 394 (1915), Abh. üb. Atombau, Abh VI u. IX. Vgl. auch E. Warburg, Verh. d. D. Phys. Ges. **15**, 1259 (1913), wo zum erstenmal bemerkt wurde, daß die nach der Quantentheorie zu erwartende Wirkung eines elektrischen Feldes auf die Wasserstofflinien von derselben Größenordnung ist, wie die von Stark beobachtete Wirkung.

²) K. Schwarzschild, Verh. d. D. Phys. Ges. **16**, 20 (1914).

Da der Drehimpuls auf der Bahnebene senkrecht steht, haben wir weiter:

$$\xi P_x + \eta P_y + \zeta P_z = 0 \qquad \ldots \ldots \ldots \ldots (3^*)$$

Nun gilt für die mittleren zeitlichen Änderungsgeschwindigkeiten von P_x und P_y

$$\frac{DP_x}{Dt} = eF\eta, \quad \frac{DP_y}{Dt} = -eF\xi \quad \ldots \ldots (4^*)$$

Hieraus erhalten wir, wenn wir (1*) und (2*) nach der Zeit differenzieren und uns erinnern, daß a und ω während der Störungen konstant bleiben,

$$\xi\frac{D\xi}{Dt} + \eta\frac{D\eta}{Dt} = -K^2\left(P_x\frac{DP_x}{Dt} + P_y\frac{DP_y}{Dt}\right) = -eFK^2(\eta P_x - \xi P_y) \quad (5^*)$$

wo

$$K = \frac{3}{4\pi m a \omega} \qquad \ldots \ldots \ldots \ldots (6^*)$$

ist. Andererseits erhalten wir durch Differentiation von (3*) und Einführung von (4*)

$$P_x\frac{D\xi}{Dt} + P_y\frac{D\eta}{Dt} = 0,$$

was zusammen mit (5*) ergibt

$$\frac{D\xi}{Dt} = eFK^2 P_y, \quad \frac{D\eta}{Dt} = -eFK^2 P_x.$$

Hieraus erhalten wir mit Hilfe von (4*)

$$\frac{D^2\xi}{Dt^2} = -e^2F^2K^2\xi, \quad \frac{D^2\eta}{Dt^2} = -e^2F^2K^2\eta,$$

eine Gleichung, deren Lösung ist

$$\xi = \mathfrak{A}\cos 2\pi(\mathfrak{o}t + \mathfrak{a}), \quad \eta = \mathfrak{B}\cos 2\pi(\mathfrak{o}t + \mathfrak{b}) \quad \ldots \ldots (7^*)$$

wo $\mathfrak{A}$, $\mathfrak{a}$, $\mathfrak{B}$ und $\mathfrak{b}$ Konstanten sind, und wo wir, unter Einführung von (6*),

$$\mathfrak{o} = \frac{eFK}{2\pi} = \frac{3eF}{8\pi^2 m a \omega} \qquad \ldots \ldots \ldots (8^*)$$

schreiben können.

Während der Störungen wird also der elektrische Schwerpunkt langsame Schwingungen senkrecht zur Feldrichtung mit einer Frequenz ausführen, die der Intensität des elektrischen Feldes proportional ist, aber für einen gegebenen Wert von F ganz unabhängig von der Anfangsgestalt der Bahn und ihrer Lage in bezug auf die Feldrichtung. Wir wollen diese Frequenz für die Mannigfaltigkeit der Zustände des gestörten Systems bestimmen, für die der Mittelwert der inneren Energie gleich der Energie E_n eines stationären Zustandes des ungestörten Systems ist, der einem fest gegebenen Wert von n entspricht. Aus der obigen Rechnung erhalten wir, wenn wir für a und ω die durch (41) gegebenen Werte von a_n und ω_n einführen,

$$\mathfrak{v}_F = \frac{3hn}{8\pi^2 Nem} F \quad \ldots \ldots \ldots (76)$$

Nun können wir aus dem Vorhandensein der periodischen Bewegung des elektrischen Schwerpunktes schließen, daß bei Anwesenheit des Feldes das System eine Strahlung von der Frequenz $\mathfrak{v}_F$ zu emittieren oder absorbieren imstande sein wird, und daß folglich die bei Anwesenheit des Feldes möglichen Werte der Zusatzenergie des Systems unmittelbar durch die grundlegende Plancksche Formel (9), die für alle möglichen Werte der Gesamtenergie eines linearen harmonischen Oszillators gilt, gegeben sind, wenn in dieser Formel ω durch die oben erhaltene Frequenz $\mathfrak{v}_F$ ersetzt wird. Da ferner eine senkrecht auf der Richtung des elektrischen Feldes stehende Kreisbahn während einer langsamen Herstellung des Feldes keine säkularen Störungen erleiden wird und deshalb unter den stationären Zuständen des gestörten Systems vorkommen muß, so erhalten wir für die Gesamtenergie des Atoms bei Anwesenheit des Feldes

$$E = E_n + \mathfrak{n}\mathfrak{v}_F h = -\frac{2\pi^2 N^2 e^4 m}{n^2 h^2} + \frac{3h^2 n\mathfrak{n}}{8\pi^2 Nem} F \quad \cdot \cdot (77)$$

wo $\mathfrak{n}$ eine ganze Zahl ist, die im vorliegenden Falle ebensowohl positiv als negativ genommen werden kann. Bei einem Vergleich von (75) und (77) finden wir: Die Anwesenheit des äußeren Feldes legt der Atombewegung in den stationären Zuständen die Beschränkung auf, daß die Ebene, in der der elektrische Schwerpunkt der Bahn sich bewegt von dem Kern einen Abstand haben muß, der gleich einem ganzen Vielfachen des n ten Teils seiner Maximalentfernung $\frac{3}{2}a_n$ ist.

Das in der Formel (77) enthaltene Ergebnis ist in Übereinstimmung mit dem Ausdruck für die Gesamtenergie in den stationären Zuständen, die Epstein und Schwarzschild mit Hilfe der auf die Bedingungen (22) gegründeten allgemeinen Theorie der bedingt periodischen Systeme abgeleitet haben. Die von diesen Verfassern gewählte Art der Behandlung benutzt den Umstand, daß wie in Teil I erwähnt die Bewegungsgleichungen für das Elektron in dem vorliegenden Problem mit Hilfe einer Variablenseparation in parabolischen Koordinaten (vgl. S. 27) gelöst werden können. Wenn wir für q_1 und q_2

die Parameter zweier Umdrehungsparaboloide wählen, die durch die augenblickliche Lage des Elektrons hindurchgehen, die ihre Brennpunkte im Kern haben und deren Achsen der Feldrichtung parallel sind und für q_3 den Winkelabstand zwischen einer durch das Elektron und die Systemachse gelegten Ebene und einer festen Ebene durch diese Achse, so werden die Impulse p_1, p_2, p_3 während der Bewegung nur von den entsprechenden q abhängen, und die stationären Zustände werden durch drei Bedingungen vom Typus (22) festgelegt sein. Unter Vernachlässigung kleiner, höheren Potenzen von F proportionaler Größen ist die von Epstein auf diesem Wege erhaltene Endformel für die Gesamtenergie gegeben durch

$$E = -\frac{2\pi^2 N^2 e^4 m}{h^2(n_1+n_2+n_3)^2} - \frac{3h^2(n_1+n_2+n_3)(n_1-n_2)}{8\pi^2 Nem} F \text{ [1]} \quad (78)$$

wo n_1, n_2, n_3 die positiven ganzen Zahlen sind, die als Faktoren zu der Planckschen Konstanten auf den rechten Seiten der drei erwähnten Bedingungen auftreten.

Was die möglichen Werte der Gesamtenergie des Wasserstoffatoms bei der Anwesenheit des elektrischen Feldes betrifft, so sehen wir, daß (78) in (77) übergeht, wenn wir $n_1+n_2+n_3 = n$ und $n_2-n_1 = \mathfrak{n}$ setzen. Zugleich ist aber zu bemerken, daß die Bewegung in den stationären Zuständen wie sie durch das von Epstein befolgte Verfahren festgelegt ist, mehr eingeschränkt ist als nötig wäre, um die richtige Beziehung zwischen der Zusatzenergie und der Frequenz der säkularen Störungen sicher zu stellen. So macht die Epsteinsche Theorie außer von der Bedingung, die die Bahnebene für die Bewegung des elektrischen Schwerpunktes festlegt, noch von der weiteren Bedingung Gebrauch, daß der Drehimpuls des Elektrons um die Achse des gestörten Systems gleich einem ganzen Vielfachen von $\frac{h}{2\pi}$ ist, und man sieht, daß dieses Vielfache ein gerades oder ungerades ist, je nachdem $n+\mathfrak{n}$ eine gerade oder ungerade Zahl ist. Dieser Umstand ist eng verknüpft mit der Tatsache, daß, obwohl das betrachtete gestörte System entartet ist, wenn wir von kleinen, dem Quadrat der äußeren Kraft proportionalen

---

[1] P. Epstein, Ann. d. Phys. **50**, 508 (1916).

Größen absehen, der entartete Charakter des Systems nicht vom Standpunkt der auf die Bedingungen (22) begründeten Theorie der stationären Zustände zum Ausdruck kommt, weil das betrachtete System nur in einem System von Lagenkoordinaten eine Variablenseparation gestattet. Andererseits hat diesen entarteten Charakter des Systems nachdrücklich Schwarzschild[1]) betont, auf der Grundlage der auf die Einführung der Winkelvariablen gegründeten Theorie der stationären Zustände, in der die Periodizitätseigenschaften der Bewegung eine wesentliche Rolle spielen. In einer späteren Erörterung dieses Punktes macht Epstein[2]) darauf aufmerksam, daß, wenn kleine, dem Quadrat der elektrischen Kräfte proportionale Größen berücksichtigt werden, das System nicht mehr als entartet erscheinen würde und darin findet er eine Rechtfertigung, die stationären Zustände mit Hilfe von (22) zu bestimmen. Vom Standpunkt der Theorie der gestörten Systeme würde das bedeuten, daß die Bewegung in den stationären Zuständen des betreffenden Systems, wie sie durch (22) festgelegt sind, sicherlich unendlich kleinen Störungen gegenüber stabil wäre, daß wir aber schon dann endliche Abweichungen von der Bewegung in diesen Zuständen zu erwarten hätten, wenn das System einem zweiten störenden Felde unterworfen wird, dessen Intensität nur von derselben Größenordnung ist wie das Produkt der äußeren elektrischen Kraft und des Verhältnisses dieser Kraft zu der vom Kern ausgeübten Anziehung. Eine nähere Betrachtung indes, bei der die Wirkung der relativistischen Abänderungen berücksichtigt wird, zeigt, daß der Stabilitätsgrad der Bewegung in den stationären Zuständen, wie sie durch (22) bestimmt werden, oft viel größer ist; denn die äußere Kraft, die in diesem Falle notwendig ist, endliche Abweichungen von dieser Bewegung hervorzubringen, ist von derselben Größenordnung wie die vom Kern ausgeübte Anziehung multipliziert mit dem Quadrat des Verhältnisses von Elektronengeschwindigkeit und Lichtgeschwindigkeit. Auf diesen Punkt werden wir am Ende dieses Paragraphen zurückkommen, wenn wir den gleichzeitigen störenden Einfluß auf die Elektronenbewegung im Wasserstoffatom betrachten, der von den rela-

---

[1]) K. Schwarzschild, Ber. Akad. Berlin 1916, S. 548.
[2]) P. Epstein, Ann. d. Phys. 51, 168, (1916).

tivistischen Abänderungen und einem äußeren elektrischen Feld herrührt.

Bei Ableitung der Formel (78) ist nicht nur der Einfluß auf die Elektronenbewegung außer acht gelassen, der von den kleinen durch die Relativitätstheorie geforderten Änderungen in den Gesetzen der Mechanik herrührt, sondern auch der Einfluß möglicher Kräfte, die auf das Elektron wirken könnten, entsprechend der nach der gewöhnlichen Elektrodynamik von der Strahlung ausgehenden Rückwirkung. Wenn wir aber für den Augenblick alle stationären Zustände, für die der Drehimpuls um die Systemachse gleich Null wäre ($n_3 = 0$), ausschließen, so wird der Drehimpuls des Elektrons um den Kern während der Störungen immer größer oder gleich $\frac{h}{2\pi}$ sein, gerade wie in den in der Theorie der Feinstruktur betrachteten stationären Zuständen; und entsprechend den auf S. 94 angestellten Betrachtungen werden wir daher erwarten, daß der Einfluß einer Vernachlässigung von möglichen „Strahlungskräften" klein sein wird, verglichen mit dem Einfluß der relativistischen Abänderungen. Wenn andererseits das elektrische Feld eine Intensität von derselben Größenordnung besitzt wie das in den Starkschen Versuchen angewandte, so hat man zu erwarten, daß die Wirkung dieser relativistischen Abänderungen wiederum sehr klein gegenüber der Gesamtwirkung der elektrischen Kraft auf die Wasserstofflinien ist, da der störende Einfluß dieser Kraft auf die Keplersche Bewegung des Elektrons sehr groß sein wird, verglichen mit den entsprechenden Wirkungen der relativistischen Abänderungen. Würden wir dagegen einen Zustand des Atoms betrachten, für den $n_3 = 0$ ist, so würde die Bahn eben sein und während der Störungen Gestalten annehmen, für die der Gesamtimpuls um den Kern sehr klein wäre, und in denen das Elektron während der Umdrehung sehr nahe an dem Kern vorbeigehen würde. In einem solchen Zustand würde die Wirkung der relativistischen Abänderungen auf die Elektronenbewegung beträchtlich sein; aber ganz abgesehen davon zeigt eine Überschlagsrechnung: Der Energiebetrag, der nach der gewöhnlichen Elektrodynamik in den Zeiträumen ausgestrahlt wird, in denen während der Störungen der Bahn der Drehimpuls klein bleibt, ist so groß, daß es kaum gerechtfertigt erscheinen kann, die Bewegung und die Energie in diesen

Zuständen unter Vernachlässigung aller den Strahlungskräften der gewöhnlichen Elektrodynamik entsprechenden Kräfte zu berechnen. Wir brauchen indes nicht näher auf diese Schwierigkeiten einzugehen, weil wir auf Grund der allgemeinen in Teil I über die apriorische Wahrscheinlichkeit der verschiedenen stationären Zustände angestellten Betrachtungen zu dem Schlusse gedrängt sind, daß für jeden Wert des äußeren elektrischen Feldes kein Zustand, der $n_3 = 0$ entsprechen würde, physikalisch möglich ist; denn jeder solcher Zustand könnte stetig und ohne Durchgang durch ein entartetes System in einen Zustand übergeführt werden, der offenbar keinen physikalisch zu verwirklichenden stationären Zustand darstellen kann (vgl. S. 37). Wenn wir uns nämlich vorstellen, daß ein äußeres zentrales Feld einer Kraft, die der dritten Potenz der Entfernung vom Kerne umgekehrt proportional ist, langsam hergestellt wird, so würde es möglich sein, den säkularen Einfluß der relativistischen Abänderungen zu kompensieren, und Bahnen zu erhalten, in denen das Elektron, innerhalb jeder noch so kleinen Entfernung, am Kern vorbeifliegen würde. Was die anderen durch (22) festgelegten Zustände betrifft, die $n_3 \geq 1$ entsprechen, so werden wir nach den in Teil I angestellten Überlegungen erwarten, daß ihre apriorischen Wahrscheinlichkeiten alle gleich sind[1]).

---

[1]) Durch eine einfache Abzählung folgt aus diesem Ergebnis, daß die Gesamtzahl verschiedener stationärer Zustände eines Wasserstoffatoms in einem kleinen homogenen elektrischen Feld, die einem durch einen gegebenen Wert von n in der Bedingung $I = nh$ charakterisierten stationären Zustand des ungestörten Systems entsprechen, durch $n(n+1)$ gegeben ist. Diesen Ausdruck erhalten wir unmittelbar, wenn wir uns erinnern, daß $n = n_1 + n_2 + n_3$ ist, und wenn wir jeden durch eine gegebene Kombination der positiven ganzen Zahlen n_1, n_2, n_3 charakterisierten Zustand doppelt zählen, entsprechend den beiden möglichen entgegengesetzten Drehsinnen des Elektrons um die Feldachse. Indem wir uns auf die notwendige Stabilität berufen, die die statistische Verteilung der Energiewerte in einer großen Zahl von Atomen im Temperaturgleichgewicht gegenüber einer kleinen Änderung der äußeren Bedingungen aufweisen muß (s. die Fußnote auf S. 62), können wir schließen, daß der Ausdruck $n(n+1)$ als ein Maß für den relativen Wert der apriorischen Wahrscheinlichkeit für die verschiedenen, verschiedenen Werten von n entsprechenden stationären Zustände des ungestörten Wasserstoffatoms angesehen werden kann. Das Problem, diese apriorische Wahrscheinlichkeit zu bestimmen, ist von K. Herzfeld (Ann. d. Phys. 51, 261 [1916]) erörtert worden. Durch eine Untersuchung der verschiedenen Phasenausdehnungen im Phasenraum, die man den verschiedenen stationären Zuständen des Wasserstoffatoms zuschreiben könnte,

Was nun den Vergleich zwischen der Theorie und den Beobachtungen betrifft, so ist daran zu erinnern, daß Stark gefunden hat, daß sich jede Wasserstofflinie bei Anwesenheit eines elektrischen Feldes in eine Anzahl polarisierter Komponenten aufspaltet, in einer Weise, die verschieden ist für die verschiedenen Linien. Wurde senkrecht zur Feldrichtung beobachtet, so erschien eine Anzahl parallel und eine Anzahl senkrecht zum Felde polarisierter Komponenten; wenn in der Richtung des Feldes beobachtet wurde, erschienen nur die letztgenannten Komponenten ohne jedoch eine charakteristische Polarisation zu zeigen. Abgesehen von der unverkennbaren Symmetrie in der Auflösung jeder Linie verändern sich die Abstände zwischen den aufeinanderfolgenden Komponenten und ihre relativen Intensitäten auf offenbar unregelmäßige Weise von Komponente zu Komponente. Wie jedoch von Epstein und Schwarzschild gezeigt, kann man mit Hilfe von (78) in Verbindung mit der Beziehung (1) in überzeugender Weise die Starkschen Messungen in bezug auf die Frequenzen der Komponenten erklären. Insbesondere zeigte eine genauere Untersuchung dieser Messungen, daß alle Abstände zwischen den Frequenzen der Komponenten ganzen Vielfachen einer gewissen Größe gleich waren, die dieselbe für alle Linien im Spektrum war, und innerhalb der Grenzen der Beobachtungsfehler gleich dem theoretischen Wert $\frac{3hF}{8\pi^2 Nem}$. Andererseits gaben die Theorien von Epstein und Schwarzschild keinen unmittelbaren Aufschluß über die Frage der Polarisation und Intensität der verschiedenen Komponenten. Indem er jedoch die Formel (78) mit den Starkschen Beobachtungen verglich, zeigte Epstein, daß die Polarisation der verschiedenen beobachteten Komponenten offenbar durch die folgende Regel gefunden werden konnte: Ein Übergang von einem stationären Zustand zum anderen gibt Veranlassung zu einer in der Feldrichtung polarisierten Komponente, wenn n_3 ungeändert bleibt, oder sich um eine gerade Anzahl von Einheiten

---

ist er zu einem von dem obigen verschiedenen Ausdruck gelangt für die apriorische Wahrscheinlichkeit dieser Zustände. Aber von dem Standpunkt, den wir in der gegenwärtigen Arbeit im Hinblick auf die Prinzipien der Quantentheorie eingenommen haben, ist diese Betrachtungsart wie in Teil I, S. 36 auseinandergesetzt, nicht geeignet, die apriorische Wahrscheinlichkeit der stationären Zustände eines Atomsystems zu bestimmen.

ändert, während eine Komponente, bei deren zugehörigem Übergang sich n_3 um eine ungerade Anzahl von Einheiten ändert, senkrecht zur Feldrichtung polarisiert ist. Dieses Ergebnis läßt sich in einfacher Weise auf Grund der allgemeinen formalen Beziehung zwischen der Quantentheorie der Linienspektren und der gewöhnlichen Strahlungstheorie deuten. In Teil I ist nämlich gezeigt, daß für ein achsensymmetrisches bedingt periodisches System nur zwei Typen von Übergängen zu erwarten sind. Bei den Übergängen des ersten Typus bleibt n_3 ungeändert und die ausgesandte Strahlung ist der Symmetrieachse parallel polarisiert, während die Übergänge des zweiten Typus, bei denen sich n_3 um eine Einheit verändert, Anlaß zu einer Strahlung geben, die in einer auf dieser Achse senkrecht stehenden Ebene zirkular polarisiert ist (s. S. 47). Um zu zeigen, daß dies mit der empirischen Epsteinschen Regel übereinstimmt, bemerken wir zunächst, daß, wenn man eine Komponente einem gewissen Übergang zuschreiben kann, bei dem sich n_3 um eine gegebene Zahl von Einheiten verändert, dann auch immer ein anderer Übergang vorhanden ist, der zu derselben Strahlung Anlaß gibt, für den aber n_3 ungeändert bleibt oder sich um eine Einheit verändert, je nachdem die gegebene Zahl gerade oder ungerade ist. Ferner sieht man, daß, wenn ein elektrisches Feld auf das Wasserstoffspektrum wirkt, wir durch unmittelbare Beobachtungen nicht die zirkulare Polarisation der Strahlung entdecken können, die Übergängen von der zweiten Art entspricht; denn für jeden Übergang, der Anlaß zu einer in einem Drehsinn zirkular polarisierten Strahlung gibt, wird es auch einen Übergang geben, durch den eine Strahlung von derselben Frequenz hervorgerufen wird, die aber im entgegengesetzten Drehsinn polarisiert ist. Die allgemeinen Betrachtungen in Teil I geben aber nicht nur Aufschluß über die Polarisationszustände der verschiedenen Komponenten, in die die Wasserstofflinien bei Anwesenheit des elektrischen Feldes aufgespalten werden, sondern werfen auch Licht auf die Frage nach den relativen Intensitäten dieser Komponenten, indem sie sie in Beziehung setzen zu den harmonischen Schwingungen, in die die Elektronenbewegung in den stationären Zuständen aufgelöst werden kann. Verglichen mit der Frage nach den relativen Intensitäten der Feinstrukturkomponenten im Wasserstofflinienspektrum ist das vorliegende Problem dadurch einfacher, daß man die stationären Zustände als a priori gleich wahrscheinlich annehmen kann. Denn für die verschiedenen Übergänge, die den bei Anwesenheit eines elektrischen Feldes auftretenden Komponenten einer gegebenen Wasserstofflinie entsprechen, besitzen alle Anfangszustände unter sich und alle Endzustände unter sich nahezu dieselbe Energie. Wir werden also erwarten, daß jene Zustände unter sich und diese Zustände unter sich im leuchtenden Gas ungefähr gleich oft vorkommen werden. Nach den in Teil I angestellten Überlegungen werden wir daher annehmen, daß für eine gegebene Wasserstofflinie die relativen Intensitäten der verschiedenen Starkeffektkomponenten, die Übergängen entsprechen von einem Anfangszustand $n_1 = n_1'$, $n_2 = n_2'$, $n_3 = n_3'$ zu einem Endzustand $n_1 = n_1''$, $n_2 = n_2''$, $n_3 = n_3''$, eng verbunden sind mit den Intensitäten der Strahlung von der Frequenz $(n_1' - n_1'') \omega_1 + (n_2' - n_2'') \omega_2 + (n_3' - n_3'') \omega_3$, die nach der gewöhnlichen Elektrodynamik von dem Atom in den beiden beteiligten Zuständen ausgesandt würde, wo ω_1, ω_2 und ω_3 die in dem Ausdruck (31) für die Elektronenverschiebung vorkommenden Grundfrequenzen bedeuten. Um zu prüfen, inwieweit ein solcher Zusammenhang in den Beobachtungen tatsächlich zum Ausdruck kommt, ist es nötig, die numerischen Werte für die Amplituden der harmonischen Schwingungen zu bestimmen, in die die Elektronenbewegung aufgelöst werden kann. Diese Frage ist von Herrn H. A. Kramers untersucht worden; er hat vollständige Ausdrücke für diese Amplituden abgeleitet; und mit ihrer Hilfe hat es sich als möglich herausgestellt, für jede der Wasserstofflinien H_α, H_β, H_γ und H_δ in überzeugender Weise die scheinbar launenhaften Gesetze zu erklären, die die durch Stark beobachteten Intensitäten der Komponenten beherrschen [1]).

---

[1]) **Anmerkung bei der Korrektur.** In neueren Arbeiten haben H. Nyquist (Phys. Rev. **10**, 226 [1917]) und J. Stark (Ann. d. Phys. **56**, 569 [1918]) Messungen über die Wirkung eines elektrischen Feldes auf gewisse Linien des Heliumspektrums veröffentlicht, das durch (35) gegeben ist, wenn man in (40) $N = 2$ setzt. Wie aus (78) hervorgeht, werden die Abstände zwischen den Frequenzen der Komponenten, in die diese Linien aufgespalten werden, bei gleicher Intensität des äußeren elektrischen Feldes kleiner sein als für die Wasserstofflinien. Dementsprechend hat es sich nicht als möglich herausgestellt, mit der von den erwähnten Forschern getroffenen experimentellen Anordnung getrennt die zahlreichen auf Grund der Theorie zu erwartenden Komponenten zu beobachten, sondern nur in rohen Umrissen eine Auflösung der betreffenden Linien zu erhalten. Für die Deutung dieser Beobachtungen

Diese Übereinstimmung war zugleich eine unmittelbare experimentelle Stütze für die oben erwähnten Schlüsse: daß keine $n_3 = 0$ entsprechenden stationären Zustände vorkommen, während die anderen Werten von n_3 entsprechenden stationären Zustände a priori gleich wahrscheinlich sind, und daß Übergänge von einem stationären Zustand zum anderen nur stattfinden können, wenn dabei n_3 ungeändert bleibt oder sich um eine Einheit verändert. Eine allgemeine Erörterung dieser Fragen wird Kramers in der im letzten Paragraphen auf S. 99 erwähnten Arbeit geben; in ihr wird auch die Frage nach der Intensität der Feinstrukturkomponenten ihre ausführliche Behandlung finden.

Im vorigen und im gegenwärtigen Paragraphen haben wir gesehen, wie man sowohl den Einfluß der relativistischen Abänderungen auf die Wasserstofflinien als auch den Einfluß eines elektrischen Feldes auf dieses Spektrum bestimmen kann, indem man die Elektronenbewegung als eine gestörte periodische Bewegung ansieht, und die stationären Zustände auf Grund der Beziehung zwischen der Energie und den Frequenzen der säkularen Störungen bestimmt. Wie das ursprünglich von Sommerfeld und Epstein geschehen, können aber auch diese beiden Probleme mit Hilfe der Theorie der stationären Zustände bedingt periodischer Systeme behandelt werden, die eine Variablenseparation in einem bestimmten System von Lagenkoordinaten gestatten. Gehen wir jedoch zu dem Problem über, den **gemeinsamen Einfluß der relativistischen Abänderungen und eines homogenen elektrischen Feldes von einer gegebenen Intensität auf das Wasserstoffspektrum zu berücksichtigen**, dann gibt es kein Koordinatensystem, für das eine Variablenseparation zu erhalten wäre. Andererseits ist es auch in diesem Falle möglich, die allgemeinen im vorstehenden entwickelten Betrachtungen über gestörte periodische Systeme anzuwenden. Indem wir uns nämlich auf die in § 3 gegebene Behandlung des Problems der Wasserstoffeinstruktur berufen, können wir sagen, daß die Abweichungen der Elektronenbahn von einer

---

ist es daher wesentlich, ausführlich die zu erwartenden relativen Intensitäten der verschiedenen theoretischen Komponenten zu untersuchen; und wie in Kramers Arbeit gezeigt werden wird, kann man in befriedigender Weise die Ergebnisse von Nyquist und Stark erklären, wenn man die Amplituden der harmonischen Schwingungen berechnet, in die die Elektronenbewegung in den stationären Zustand aufgelöst werden kann.

Keplerschen Ellipse für das betrachtete Problem dieselben sein werden wie die säkularen Störungen, die an einer Keplerschen Bewegung hervorgebracht werden durch die gleichzeitige Einwirkung eines äußeren homogenen Kraftfeldes und einer äußeren zentralen Kraft, deren Intensität umgekehrt mit der dritten Potenz der Entfernung vom Kerne abnimmt. Da diese beiden Felder zusammen ein achsensymmetrisches Störungsfeld ergeben, so folgt, daß die säkularen Störungen bei Berücksichtigung der relativistischen Abänderungen bedingt periodisch sein werden, und daß sich das Problem, die stationären Zustände zu bestimmen, nach der in § 2 auf S. 77 erwähnten Methode behandeln läßt. Auf diese Weise erhalten wir erstens das Ergebnis, daß für irgend einen Wert der Intensität des äußeren elektrischen Feldes eine Aufspaltung der Wasserstofflinien in eine Anzahl scharfer Komponenten zu erwarten ist. Da ferner für jeden von Null verschiedenen Wert dieser Intensität das System nicht entartet sein wird, so folgt aus den Bedingungen (61), daß wir den Drehimpuls um die Feldachse immer gleich einem ganzen Vielfachen von $h/2\pi$ annehmen müssen; in Übereinstimmung mit der Annahme, daß wir die analoge Bestimmung der stationären Zustände nach der Methode der Variablenseparation aufzustellen haben, wenn diese unter Vernachlässigung der relativistischen Abänderungen auf eine Erklärung des Starkeffekts angewandt werden soll (vgl. S. 105). Auf Grund der Bedingungen (61) ist es möglich, im einzelnen vorauszusagen, wie die Feinstruktur der Wasserstofflinien durch ein wachsendes elektrisches Feld beeinflußt werden wird, bis für hinreichend große Intensität dieses Feldes die Erscheinung sich allmählich zum gewöhnlichen Starkeffekt entwickelt. Das Problem, diese Umwandlung theoretisch zu verfolgen, wird in einer späteren Arbeit von Herrn H. A. Kramers behandelt werden; er hat freundlichst meine Aufmerksamkeit auf diese interessante Anwendung der Störungsmethode gelenkt und damit einen wertvollen Anstoß für die gründliche Ausarbeitung dieser Methode im Hinblick auf die Behandlung verwickelterer Fragestellungen gegeben[1]).

---

[1]) Außer der Erörterung dieses Problems wird diese Arbeit eine allgemeine Behandlung der Theorie gestörter periodischer Systeme enthalten, von dem Gesichtspunkt aus, daß sich die Bewegung mit Hilfe von Winkelvariablen beschreiben läßt (vgl. die Anm. auf S. 82).

§ 5. Die Wirkung eines magnetischen Feldes auf das Wasserstoffspektrum.

Eine auf die Quantentheorie der Linienspektren gegründete Theorie des Zeemaneffekts der Wasserstofflinien haben, wie in der Einleitung erwähnt, unabhängig voneinander Sommerfeld und Debye gegeben. Die Berechnungen dieser Forscher beruhen darauf, daß es auch bei Anwesenheit eines magnetischen Feldes möglich ist, die Bewegungsgleichungen für das Elektron in der durch (4) gegebenen kanonischen Hamiltonschen Form anzusetzen, wenn die zu den Lagenkoordinaten q_1, q_2, q_3 des Elektrons konjugierten Impulse p_1, p_2, p_3 in geeigneter Weise definiert werden. In vollständiger Übereinstimmung mit dem Problem, die stationären Zustände eines Atomsystems bei Berücksichtigung der relativistischen Abänderungen festzulegen, folgt daher: Sind diese Gleichungen nach der Methode der Variablenseparation lösbar, so erhalten wir, wenn wir die stationären Zustände mit Hilfe der Bedingungen (22) bestimmen, zwischen der gesamten Energie des Atoms bei Anwesenheit des magnetischen Feldes und den für die Elektronenbewegung charakteristischen Grundfrequenzen, genau die gleiche Beziehung wie die, welche zwischen der Energie und den Frequenzen in den stationären Zuständen eines gewöhnlichen bedingt periodischen Systems gilt. Durch ein Verfahren analog dem, das Burgers in seinem in Teil I auf S. 28 erwähnten Beweise für die mechanische Invarianz der Beziehungen (22) langsamen Veränderungen der äußeren Bedingungen gegenüber angewandt hat, läßt sich weiter zeigen, daß auch bei Anwesenheit eines magnetischen Feldes diese Beziehungen invariant sind; um das zu beweisen, hat man die Einwirkung der induzierten elektrischen Kräfte zu berücksichtigen, die nach der gewöhnlichen Elektrodynamik eine Veränderung des magnetischen Feldes begleiten müssen. Im folgenden werden wir indes das Problem, den Einfluß eines äußeren magnetischen Feldes auf das Wasserstoffspektrum zu bestimmen, nicht nach der Methode der Variablenseparation behandeln, sondern in analoger Weise wie in den vorstehenden Paragraphen die Feinstruktur und den Starkeffekt der Wasserstofflinien werden wir auch dieses Problem vom Standpunkt der Theorie gestörter periodischer Systeme aus behandeln. Ehe wir jedoch in die ausführliche Erörterung der notwendigen Abänderungen eintreten, die an den allgemeinen Betrachtungen in § 2 anzubringen sind, damit sie sich auch auf die Bestimmung der stationären Zustände des Atoms bei Anwesenheit äußerer magnetischer Kräfte anwenden lassen, wollen wir zunächst zur Veranschaulichung zeigen, wie man in gewissen Fällen die Einwirkung eines homogenen magnetischen Feldes auf das Wasserstoffspektrum nach einer einfachen Methode behandeln kann, die offenbar eine enge formale Analogie zu der ursprünglich von Lorentz auf der Grundlage der klassischen Elektronentheorie geschaffenen Theorie aufweist.

Bei diesen Überlegungen bedienen wir uns eines bekannten Satzes von Larmor. Er besagt: Abgesehen von kleinen, dem Quadrat der Intensität der magnetischen Feldstärke proportionalen Größen wird sich die Bewegung eines Elektronensystems in einem konservativen Kraftfeld, das axiale Symmetrie um eine feste Achse besitzt, bei Anwesenheit eines äußeren homogenen, dieser Achse parallelen magnetischen Feldes von einer Bewegung, die bei Abwesenheit des Feldes mechanisch möglich ist, nur durch eine hinzukommende gleichförmige Drehung des ganzen Systems um diese Achse unterscheiden; die Frequenz dieser Drehung ist gegeben durch

$$o_H = \frac{e}{4\pi m c} H \quad \dots \dots \dots \dots (79)$$

wo H die Intensität des magnetischen Feldes ist und c die Lichtgeschwindigkeit, während $-e$ und m die Ladung und die Masse eines Elektrons bedeuten [1]). Ist das magnetische Feld zeitlich nicht konstant, sondern wächst seine Intensität langsam und gleichförmig von Null an, so werden, wie leicht zu zeigen, die die Intensitätsänderung der magnetischen Kraft begleitenden elektrischen Induktionskräfte gerade die Wirkung haben, eine Drehung wie die beschriebene der ursprünglichen Bewegung des

---

[1]) J. Larmor: Aether and Matter, Cambridge 1900, S. 341. Dieser Satz wurde aufgestellt im Zusammenhang mit einem Versuch, eine allgemeine auf die gewöhnliche Elektrodynamik gegründete Theorie des Zeemaneffekts zu entwickeln; er läßt sich unmittelbar durch die Bemerkung beweisen, daß mit dem in Betracht kommenden Genauigkeitsgrad die von der Anwesenheit des magnetischen Feldes herrührenden Elektronenbeschleunigungen gleich den von der überlagerten Drehung des Systems herrührenden Veränderungen der Teilchenbeschleunigungen sind.

Systems aufzuzwingen [1]). Was überdies die Wirkung des magnetischen Feldes auf die Gesamtenergie des Systems betrifft [2]), so ist zu beachten, daß die betrachtete überlagerte Drehung die gegenseitige potentielle Energie der Teilchen nicht verändert, während sie unter Vernachlässigung kleiner H^2 proportionaler Größen eine Veränderung der kinetischen Energie vom Betrage $2\pi P o_H$ hervorbringt, wo P den gesamten Drehimpuls des Systems um die Achse bedeutet, genommen in dem Drehsinn der überlagerten Drehung.

[1]) Vgl. P. Langevin, Ann. de Chim. et de Phys. **5**, 70 (1905), der dieses Ergebnis im Zusammenhang mit seiner bekannten, auf die klassische Elektronentheorie gegründeten Theorie der magnetischen Eigenschaften von Atomsystemen abgeleitet hat.

[2]) In einer früheren Arbeit (Phil. Mag. **27**, 506 [1914], Abh. üb. Atombau, Abh. VI) hat der Verf. angenommen, daß die Gesamtenergie in den stationären Zuständen des Wasserstoffatoms bei Anwesenheit eines magnetischen Feldes nicht verschieden von der Energie in den entsprechenden feldlosen Zuständen sein würde, soweit kleine, der Intensität der magnetischen Kraft proportionale Größen in Betracht kommen. Es wurde nämlich angenommen, daß der von der überlagerten Drehung herrührende Einfluß auf die kinetische Energie des Elektrons durch eine Art „potentieller" Energie des ganzen Atoms in bezug auf das magnetische Feld aufgehoben wird; für diese Annahme schien nicht nur die Abwesenheit des Paramagnetismus in manchen Elementen zu sprechen, deren Atomen und Molekülen man nach der in Teil IV zu besprechenden Theorie einen resultierenden Drehimpuls zuschreiben muß, sondern sie schien noch besonders durch den folgenden Umstand eine Stütze zu erhalten: Das bei Anwesenheit eines magnetischen Feldes emittierte Spektrum ist anscheinend nicht ein Kombinationsspektrum des Typus, der zu erwarten wäre, wenn die Frequenz der bei einem Übergang von einem stationären Atomzustand zum anderen bei Anwesenheit des Feldes emittierten Strahlung unmittelbar aus den Werten der Energie in diesen Zuständen mit Hilfe der Beziehung (1) berechnet werden könnte. Wie indes Debye (Phys. Ztschr. **17**, 511 (1916) bemerkt hat, würde diese Ansicht nicht mit der Einsteinschen Theorie der Temperaturstrahlung (s. Teil I, S. 6) vereinbar sein, die die allgemeine Gültigkeit der Beziehung (1) erfordert; und außerdem braucht man, wie im folgenden gezeigt werden wird, in dem Zeemaneffekt der Wasserstofflinien in der Tat keine Abweichung vom Kombinationsprinzip zu erblicken, sondern eher ein lehrreiches Beispiel eines systematischen Verschwindens gewisser möglicher Linienkombinationen, wofür eine einfache Erklärung erhalten werden kann, auf Grund der allgemeinen formalen Beziehung zwischen der Quantentheorie der Linienspektren und der gewöhnlichen Strahlungstheorie. Beachten wir ferner diese Beziehung, und erinnern wir uns, daß nach der gewöhnlichen Elektrodynamik das magnetische Feld nicht unmittelbar den Energieaustausch während eines Strahlungsprozesses beeinflussen wird, da die von diesem Felde herrührenden Kräfte immer senkrecht auf der Geschwindigkeitsrichtung stehen und daher an dem sich bewegenden Elektron keine Arbeit leisten, so wird uns die Annahme natürlich erscheinen, man könne einfach aus dem Einfluß der überlagerten Drehung auf die kinetische Energie des Elektrons den Einfluß des magnetischen

Aus diesen Ergebnissen folgt: Abgesehen von kleinen Größen, die dem Quadrat der magnetischen Kraft und dem Produkt ihrer Intensität mit dem Verhältnis von Elektronenmasse und Kernmasse proportional sind, unterscheidet sich die Bewegung des Elektrons in irgend einem stationären Zustand eines einem **homogenen magnetischen Feld** ausgesetzten Wasserstoffatoms von der Bewegung in einem gewissen feldlosen stationären Zustand des Atoms nur durch eine überlagerte gleichförmige Drehung um eine der magnetischen Kraft parallele, durch den Kern gehende Achse mit einer durch (79) gegebenen Frequenz. Wegen des entarteten Charakters des von dem Atom bei Abwesenheit des magnetischen Feldes gebildeten Systems ist es indes nicht möglich, die stationären Zustände des gestörten Atoms dadurch vollständig zu bestimmen, daß man den mechanischen auf die Elektronenbewegung durch eine langsame und gleichmäßige Herstellung des magnetischen Feldes ausgeübten Einfluß untersucht; sondern, um diese Zustände festzulegen, müssen wir die Beziehung zwischen der von der Anwesenheit des magnetischen Feldes herrührenden Zusatzenergie des Systems und dem Charakter der durch dieses Feld in der Bahn des Elektrons hervorgerufenen säkularen Störungen der Elektronenbahn näher untersuchen. Auf Grund des Larmorschen Satzes ist die Erörterung dieses Problems sehr einfach. Da nämlich die Frequenz

---

Feldes bestimmen, soweit die **Unterschiede** zwischen den Energiewerten der verschiedenen stationären Zustände des Atoms in Betracht kommen. Nun handelt es sich bei einer Untersuchung des nach der Quantentheorie zu erwartenden Spektrums nur um diese Unterschiede und nicht um die **absoluten Werte** der von der Anwesenheit des magnetischen Feldes herrührenden Zusatzenergie des Systems. Es würde daher möglich sein, der oben erwähnten, durch das Fehlen des Paramagnetismus bedingten Schwierigkeit durch die Annahme zu entgehen: Nur die Energie in dem sogenannten „Normalzutand" eines Atomsystems (d. h. in dem stationären Zustand des Systems, der den kleinsten Wert der Gesamtenergie besitzt, siehe Teil IV) ändert sich nicht bei Anwesenheit eines magnetischen Feldes, insoweit kleine der Intensität der magnetischen Kraft proportionale Größen in Betracht kommen. Nach dieser Auffassung würde also das Fehlen des Paramagnetismus eine besondere Eigenschaft des Normalzustandes sein, die mit der Unmöglichkeit eines spontanen Überganges von diesem Zustand zu anderen stationären Systemzuständen zusammenhinge. Auf diese Frage werden wir in den folgenden Teilen dieser Arbeit zurückkommen; der Einfachheit halber werden wir indes in den Betrachtungen dieses Paragraphen nicht näher auf die Folgerungen aus der erwähnten Hypothese eingehen, die nur kleine Abänderungen in der Form der folgenden Überlegungen mit sich brächte, ohne ihre Ergebnisse zu verändern.

$\mathfrak{o}_H$ unabhängig von der Gestalt und Lage der Bahn ist, können wir ein Verfahren einschlagen, vollständig analog dem, das wir bei der Festlegung der stationären Zustände des Wasserstoffatoms bei Anwesenheit eines homogenen elektrischen Feldes angewandt haben. Sehen wir also von dem Einfluß der relativistischen Abänderungen ab, so dürfen wir sofort schließen, daß die Gesamtenergie in den stationären Atomzuständen durch

$$E = E_n + \mathfrak{n}\,\mathfrak{o}_H\,h \ldots \ldots \ldots \ldots (80)$$

gegeben ist, unter $\mathfrak{n}$ eine ganze Zahl verstanden, die sowohl positiv als negativ sein kann, während E_n gleich der in (41) mit $-W_n$ bezeichneten Energie in dem entsprechenden stationären Zustand des ungestörten Atoms ist. Wie in dem Falle des Starkeffekts sieht man überdies, daß diese Formel die Werte der Energie in solchen Zuständen des Atoms umfaßt, in denen das Elektron sich in einer auf der Feldrichtung senkrecht stehenden Kreisbahn bewegt, von der von vornherein zu erwarten ist, daß sie zu den stationären Zuständen des gestörten Systems gehört, da solche Bahnen während einer langsamen und gleichförmigen Herstellung des äußeren Feldes an Gestalt und Lage keine säkularen Störungen erleiden werden (s. S. 104). In diesen Fällen haben wir nämlich die Beziehung

$$P = +\frac{n\,h}{2\,\pi},$$

unter n die ganze die stationären Zustände des ungestörten Wasserstoffatoms charakterisierende Zahl verstanden; es folgt also aus dem Vorstehenden, daß die Gesamtenergie in den besonderen hier zu betrachtenden stationären Zuständen gerade durch die Formel (80) dargestellt sein wird, wenn wir $\mathfrak{n} = +n$ setzen. Zugleich geht aus dieser Formel hervor: Die Anwesenheit des äußeren magnetischen Feldes legt der Bewegung in den stationären Zuständen des Wasserstoffatoms die Beschränkung auf, daß unter Vernachlässigung kleiner, H proportionaler Größen der Drehimpuls des Elektrons um die Feldachse gleich einem ganzen Vielfachen von $\dfrac{h}{2\,\pi}$ ist.

Was den Ausdruck für die Gesamtenergie des Wasserstoffatoms bei Anwesenheit des magnetischen Feldes betrifft, so ist die Formel (80) in Übereinstimmung mit den Formeln, die

Sommerfeld und Debye auf der Grundlage der Bedingungen (22) abgeleitet haben, die für bedingt periodische eine Variablenseparation gestattende Systeme gelten. Wie diese Forscher gezeigt haben, läßt ein System, das aus einem unter dem Einfluß der Anziehung von einem festen Kern in einem homogenen magnetischen Feld bewegten Elektron besteht, eine Variablenseparation in Polarkoordinaten zu, wenn die Polarachse der magnetischen Feldachse parallel gewählt wird. Indem sie von dem Einfluß der relativistischen Abänderungen absehen, und für q_1, q_2 und q_3 die Länge des Radiusvektors vom Kern zum Elektron, den Winkel zwischen diesem Radiusvektor und der Systemachse wählen und den Winkel, den die Ebene durch das Elektron und diese Achse mit einer festen Ebene durch diese Achse bildet, erhalten sie den folgenden Ausdruck für die Gesamtenergie [1])

$$E = -\frac{2\pi^2 N^2 e^4 m}{h^2 (n_1 + n_2 + n_3)^2} + \frac{e h n_3}{4\pi m c} H \quad \ldots \quad (81)$$

wo n_1, n_2 und n_3 die ganzen Zahlen sind, die auf der rechten Seite der Bedingungen (22) mit der Planckschen Konstanten multipliziert auftreten. Wie erwähnt, liefert diese Formel dasselbe Ergebnis wie (80). Setzen wir nämlich $n = n_1 + n_2 + n_3$ und sehen von der kleinen wegen der Endlichkeit der Kernmasse erforderlichen Korrektur ab, so geht das erste Glied von (81) offenbar in den durch (41) gegebenen Ausdruck für $-W_n$ über, während das letzte Glied von (81) in das letzte Glied von (80) übergeht, wenn wir $|\mathfrak{n}| = n_3$ setzen. Indes ist zu bemerken, daß, während in den Theorien von Sommerfeld und Debye die stationären Zustände durch drei Bedingungen charakterisiert sind, auf Grund der oben angestellten Überlegungen nur zwei Bedingungen nötig wären, um die richtige Beziehung zwischen der Energie und den Frequenzen in den stationären Zuständen

---

[1]) A. Sommerfeld, Phys. Zeitschr. **17**, 491 (1916) und P. Debye, Phys. Zeitschr. **17**, 507 (1916). Während Debye bei der Anwendung der Bedingungen (22) ein feststehendes Koordinatensystem verwendet, bestimmt Sommerfeld die stationären Zustände dadurch, daß er diese Bedingungen auf die Systembewegung anwendet unter Zugrundelegung eines Koordinatensystems, das gleichförmig um die Polarachse mit der Frequenz o_H rotiert; für diesen besonderen Fall ist leicht zu zeigen, daß dieses Verfahren zu demselben Ergebnis führt wie die direkte Anwendung der Bedingungen (22) auf feste Polarkoordinaten.

sicherzustellen. Außer den Bedingungen nämlich, die die Länge der großen Halbachse der rotierenden Bahn und den Wert des Drehimpulses des Systems um die Feldachse vorschreiben, folgt aus den Theorien der genannten Verfasser die weitere Bedingung, daß der gesamte Drehimpuls des Elektrons um den Kern gleich einem ganzen Vielfachen von $\frac{h}{2\pi}$ sein muß; und daß folglich die kleine Halbachse der Bahn dieselben Werte hat wie in einem Wasserstoffatom, das durch ein kleines äußeres zentrales Feld gestört wird (s. S. 79). Der Grund dafür ist, daß das gestörte Atom, wenn wir von dem Einfluß der relativistischen Abänderungen absehen, ein entartetes System bildet, weil die säkularen Störungen einfach periodisch sind. Vom Standpunkt der Theorie der Variablenseparation ist dieser entartete Charakter des Systems, anders wie im analogen Fall des Starkeffekts, auch unmittelbar dadurch zu erkennen, daß eine Separation nicht nur in Polarkoordinaten zu erhalten ist, sondern in jedem beliebigen System axialer elliptischer Koordinaten, für das ein Brennpunkt im Kern versetzt und der andere auf irgend einem Punkt der Feldachse angenommen wird. Geradeso wie in dem Falle des Starkeffekts indes, ist das System nicht mehr entartet, sobald die relativistischen Abänderungen berücksichtigt werden; auch dann aber ist eine Variablenseparation noch möglich, doch nur in Polarkoordinaten. Auf diesen Punkt werden wir weiter unten zurückkommen.

Die Beobachtungen über den Zeemaneffekt an Wasserstofflinien zeigen, daß unter Vernachlässigung der Feinstruktur jede Linie bei Anwesenheit eines magnetischen Feldes in ein normales Lorentzsches Triplett aufgespalten ist; d. h. jede Linie ist aufgelöst in drei Komponenten, deren eine unverschoben und der Feldrichtung parallel polarisiert ist, während die beiden anderen Komponenten Frequenzen besitzen, die sich von der der ursprünglichen Linie um o_H unterscheiden und in entgegengesetzten Drehsinnen in einer auf der Feldrichtung senkrecht stehenden Ebene zirkular polarisiert sind. Wie von Sommerfeld und Debye nachgewiesen, gehören die Frequenzen eines Lorentzschen Tripletts zu den Frequenzen der Komponenten, die aus (81) durch die Anwendung der Beziehung (1) abzuleiten sind. Außer den beobachteten Komponenten sollten wir indes auf

Grund von (81) und (1) das Erscheinen einer Anzahl von Komponenten erwarten, die von den ursprünglichen Lagen der Linien um höhere Vielfache von o_H verschoben sind. Für das Nichterscheinen dieser Komponenten gaben die Theorien von Sommerfeld und Debye keine Erklärung, ebensowenig wie für den Polarisationszustand der beobachteten Komponenten; abgesehen davon, daß Sommerfeld in diesem Zusammenhang darauf aufmerksam machte, daß das die beobachteten Polarisationen beherrschende Gesetz eine gewisse Analogie zeigt zu der empirischen Epsteinschen Regel über die an dem Starkeffektkomponenten der Wasserstofflinien beobachten Polarisationen. Geradeso wie für diesen letztgenannten Effekt gelangen wir andererseits in dem jetzigen Falle, für die Zahl der beobachteten Komponenten und deren charakteristischen Polarisationen, unmittelbar zu einer Erkärung auf Grund der allgemeinen formalen Beziehung zwischen der Quantentheorie der Linienspektren und der gewöhnlichen Strahlungstheorie. Zunächst erhalten wir nämlich, wenn wir die Umdrehungsfrequenz des Elektrons in einem stationären Zustand des ungestörten Wasserstoffatoms mit ω bezeichnen, sofort aus dem Larmorschen Satz das Ergebnis, daß in einem entsprechenden stationären Zustand des durch das Feld gestörten Atoms die Bewegung des Elektrons in eine Zahl dem Feld parallel polarisierter linear-harmonischer Schwingungen von den Frequenzen $\tau \omega$ zerlegt werden kann, unter τ eine positive ganze Zahl verstanden, und in eine Zahl zirkular-harmonischer Schwingungen in einer auf der Feldrichtung senkrecht stehenden Ebene von den Frequenzen $\tau \omega + o_H$ oder $\tau \omega - o_H$, je nachdem der Drehsinn derselbe oder der entgegengesetzte ist wie der der überlagerten Rotation. Wenn wir ferner kleine H^2 proportionale Größen vernachlässigen, so erhalten wir für den Unterschied der Gesamtenergie zweier Nachbarzustände unseres gestörten Systems

$$\delta E = \delta E_0 + \delta \mathfrak{E} = \omega \delta I + o_H \delta \mathfrak{J} \cdots \cdot (82)$$

Hier bedeuten E_0 und ω die Werte der Energie und Frequenz und I den Wert der durch (5) definierten Größe, alle für den Zustand des ungestörten Systems, der auftreten würde, wenn die magnetische Kraft langsam mit gleichförmiger Geschwindigkeit verschwände, während $\mathfrak{E}$ die von der Anwesenheit des magnetischen Feldes herrührende Zusatzenergie ist und $\mathfrak{J}$ der Drehimpuls des Systems um die Feldachse multipliziert mit 2π und genommen in derselben Richtung wie die überlagerte Drehung. Da (82) genau dieselbe Form hat wie die Beziehung (66) und in den stationären Zuständen die Gleichungen $I = nh$ und $\mathfrak{J} = \mathfrak{n} h$ gelten, so gelangen wir durch eine Betrachtung, die der auf S. 83 angestellten ganz analog ist, zu dem Schlusse, daß nur zwei Typen von Übergängen von einem stationären Zustand zum anderen möglich sind. Für beide Typen von Übergängen kann die ganze Zahl n um jede beliebige Zahl von Einheiten sich verändern, aber für Übergänge des ersten Typus wird die ganze Zahl $\mathfrak{n}$ konstant und die emittierte Strahlung parallel der Feldrichtung polarisiert sein, während bei Übergängen des zweiten Typus $\mathfrak{n}$ um eine Einheit abnehmen oder wachsen und die emittierte Strahlung zirkular in einer senkrecht auf der Feldrichtung stehenden Ebene polarisiert sein wird, wobei der Drehsinn der Polarisation derselbe bzw. der entgegengesetzte wie der der überlagerten Drehung ist. Indem wir uns erinnern, daß unter Vernachlässigung kleiner, der magnetischen Feldstärke proportionaler Größen der Drehimpuls des Systems um die Feldachse ungeändert bei Übergängen der ersten Art bleibt, und sich um $\dfrac{h}{2\pi}$ bei Übergängen der zweiten Art verändert, sehen wir, daß unser Ergebnis eine unabhängige Stütze durch eine Betrachtung über die Erhaltung des Drehimpulses während der Übergänge findet, wie die in Teil I auf S. 48 gegebene.

Ziehen wir nun die Formel (80) heran, so finden wir, daß die obigen Ergebnisse in vollständiger Übereinstimmung mit den Beobachtungen über den Zeemaneffekt an Wasserstofflinien sind, was die Frequenzen und Polarisationen der beobachteten Komponenten betrifft. Andererseits läßt sich für die Beobachtungen über die Intensitäten eine unmittelbare Erklärung finden, unabhängig von jeder besonderen Theorie über den Ursprung der Linien. Aus einer Betrachtung nämlich über die notwendige „Stabilität" der spektralen Erscheinungen folgt, daß die Gesamtstrahlung der Komponenten, in die eine ursprünglich unpolarisierte Spektrallinie bei Anwesenheit eines kleinen äußeren Feldes aufgespalten wird, keine charakteristische Polarisation nach irgend einer Richtung zeigen kann. Im Falle des Zeemaneffekts der Wasserstofflinien muß daher von vornherein erwartet werden, daß für jede der drei Komponenten, in die jede Linie aufgespalten ist, die Intensität der Strahlung summiert über alle Richtungen die gleiche ist. Vom Standpunkt der Quantentheorie der Linienspektren sieht man daher, daß man mit Hilfe von Überlegungen dieser Art umgekehrt bis zu einem gewissen Grade unmittelbaren quantitativen Aufschluß über die Wahrscheinlichkeiten von spontanen Übergängen von einer Schar stationärer Zustände zu einer anderen erhält; und daß diese Ergebnisse auch für die Gebiete Gültigkeit behalten, wo die diese Zustände charakterisierenden ganzen Zahlen nicht groß sind und wo folglich die Abschätzung der Werte für die Wahrscheinlichkeiten, die auf die formale Beziehung der Quantentheorie zur gewöhnlichen Strahlungstheorie gegründet ist, Ergebnisse von nur approximativem Charakter liefert. Dieser Punkt wird näher in Kramers Arbeit über die relativen Intensitäten der Komponenten der Feinstruktur und des Starkeffekts für Wasserstoff erörtert werden.

Ein dem oben angewandten ganz ähnliches Verfahren kann dazu dienen, unter Berücksichtigung auch der relativistischen Abänderungen, den Einfluß eines homogenen magnetischen Feldes auf das Wasserstoffspektrum zu bestimmen, wenn die Atome auch noch einem kleinen äußeren Kraftfeld von zeitlich konstantem Potential ausgesetzt sind, das Axialsymmetrie um eine durch den Kern gelegte der magnetischen Kraft parallele Achse besitzt; denn auch in diesem Fall können wir offensichtlich von dem Larmorschen Satz unmittelbaren Gebrauch machen. Wir werden indes nicht so vorgehen, sondern werden auf diese Frage erst zurückkommen, wenn wir gezeigt haben, wie man durch eine einfache Abänderung der allgemeinen, in § 2 gegebenen Betrachtungen über gestörte periodische Systeme, die Theorie der stationären Zustände des Wasserstoffatoms in einem schwachen Magnetfeld in eine andere Form bringen kann; diese gestattet den Einfluß auf das Wasserstoffspektrum auch dann zu erörtern, wenn das Atom einem inhomogenen magnetischen Feld ausgesetzt ist, oder den Einfluß eines homogenen magnetischen Feldes zu erörtern, wenn gleichzeitig elektrische Kräfte auf das Atom wirken, die nicht Axialsymmetrie um eine durch den Kern gehende dem magnetischen Feld parallele Achse besitzen.

Um das allgemeine Problem zu behandeln, welche säkularen Störungen der Elektronenbahn im Wasserstoffatom auftreten, wenn das Atom kleinen äußeren Kräften ausgesetzt ist, die ganz oder teilweise magnetischen Ursprungs sind, werden wir gerade wie in der üblichen Theorie der Planetenstörungen zum Ausgangspunkt die Bewegungsgleichungen in ihrer kanonischen Form wählen. Nun können die Bewegungsgleichungen eines Elektrons von der Ladung $-e$, auf das außer von einem elektrischen Feld vom Potential V auch ein magnetisches Feld vom Vektorpotential $\mathfrak{A}$ wirkt (definiert durch $div\ \mathfrak{A} = 0$ und $rot\ \mathfrak{A} = \mathfrak{H}$, unter $\mathfrak{H}$ der Vektor der magnetischen Kraft verstanden), in der Hamiltonschen Form (4) gegeben werden, wenn gerade wie bei Abwesenheit des magnetischen Feldes E die Summe der kinetischen Energie T des Elektrons und seiner potentiellen Energie $-eV$, bezogen auf das elektrische Feld, bedeutet, während die Impulse, die den Lagenkoordinaten q_1, q_2, q_3 des Elektrons im Raume konjugiert sind, durch die Gleichungen[1])

$$p'_k = p_k - \frac{e}{c}\frac{\partial(\mathfrak{v}\mathfrak{A})}{\partial \dot{q}_k}, \quad (k = 1, 2, 3) \ldots \ldots (83)$$

definiert sind. Hier sind die p die auf die übliche Weise definierten Impulse (s. S. 12) und $(\mathfrak{v}\mathfrak{A})$ stellt das skalare Produkt der Elektronengeschwindigkeit $\mathfrak{v}$ und des Vektorpotentials $\mathfrak{A}$ dar, und zwar als eine Funktion der q und der verallgemeinerten Geschwindigkeiten $\dot{q}_1$, $\dot{q}_2$, $\dot{q}_3$. Wenn wir jetzt annehmen, daß der Einfluß der magnetischen Kräfte auf die Elektronenbewegung so klein im Vergleich mit dem Einfluß der elektrischen Kräfte ist, daß wir in den Berechnungen von allen $\mathfrak{H}^2$ proportionalen Größen absehen können, so ist leicht zu sehen, daß die Energiefunktion E in (4), die wir erhalten, wenn wir die durch (83) definierten Impulse einführen, von der bei Abwesenheit des magnetischen Feldes geltenden entsprechenden Funktion sich nur durch ein Zusatzglied unterscheidet, das in den Impulsen linear ist und gleich $\frac{e}{c}(\mathfrak{v}\mathfrak{A})$. Bezeichnen wir nämlich E, wenn es als Funktion der q und p ausgedrückt ist, mit $\varphi(p, q)$, so er-

---

[1]) Siehe z. B. G. A. Schott: Electromagnetic Radation, App. F. (Cambridge 1912).

halten wir aus (83) und (4) mit der in Betracht kommenden Annäherung

$$E - \varphi(p',q) = -\sum_1^3 \frac{\partial \varphi}{\partial p_k}(p'_k - p_k) = \sum_1^3 \frac{\partial E}{\partial p'_k} \frac{e}{c} \frac{\partial(v\mathfrak{A})}{\partial \dot{q}_k}$$

$$= \frac{e}{c} \sum_1^3 \dot{q}_k \frac{\partial(v\mathfrak{A})}{\partial \dot{q}_k} = \frac{e}{c}(v\mathfrak{A}).$$

Hieraus folgt: Unter Vernachlässigung kleiner dem Quadrat der magnetischen Kräfte proportionaler Größen, sind in einem Wasserstoffatom, das außer einem kleinen äußeren elektrischen Feld mit dem Potential Φ auch einem kleinen äußeren magnetischen Feld mit dem Vektorpotential $\mathfrak{A}$ ausgesetzt ist, die Störungen der Elektronenbahn durch ein System von Gleichungen von derselben Form wie die Gleichungen (44) in § 2 gegeben; nur sind die α und β ersetzt durch ein System von Größen α'_1, α'_2, α'_3, β'_1, β'_2, β'_3, die mit den q, den p und der Zeit ebenso zusammenhängen wie die Bahnkonstanten α_1, α_2, α_3, β_1, β_2, β_3 für das ungestörte System durch die Gleichungen (18) mit den q, den p und der Zeit; und ferner ist Ω durch den Ausdruck

$$-e\Phi + \frac{e}{c}(v\mathfrak{A})$$

ersetzt, dieser als eine Funktion der α und β und der Zeit betrachtet. Da nun für jeden Augenblick sich die Größen α'_1, α'_2, α'_3, β'_1, β'_2, β'_3 von den entsprechenden Bahnkonstanten α_1, α_2, α_3, β_1, β_2, β_3 nur durch kleine der Intensität des magnetischen Feldes proportionale Größen unterscheiden, so erkennen wir: Unter Vernachlässigung kleiner Größen von derselben Größenordnung wie die Veränderung der Bahnkonstanten während einer einzelnen Periode, werden die säkularen Störungen der Gestalt und Lage der Elektronenbahn wieder durch die Gleichungen (46) gegeben sein, wenn für den vorliegenden Fall Ψ gleich der Summe des Mittelwertes Ψ_E von der potentiellen Energie $-e\Phi$ des Elektrons gegen die äußeren elektrischen Kräfte ist und des Mittelwerts Ψ_M der Größe $\frac{e}{c}(v\mathfrak{A})$, beide genommen über eine irgend einem Zeitpunkt während der Umdrehung entsprechende oskulierende Bahn und ausgedrückt als Funktionen der α_1, α_2, α_3,

β_1, β_2, β_3[1]). Der letztgenannte Mittelwert gestattet indes offenbar eine einfache Deutung. Denn es gilt

$$\Psi_M = \frac{e}{c} \frac{1}{\sigma} \int_0^\sigma (\mathfrak{v}\mathfrak{A})\, dt = -\frac{e\omega}{c} B \quad \ldots \ldots \quad (84)$$

wo ω die Umdrehungsfrequenz des Elektrons in der oskulierenden Bahn bedeutet und B den gesamten magnetischen Kraftfluß durch diese Bahn, genommen in derselben Richtung wie die derjenigen magnetischen Kraft, die aus der Elektronenbewegung nach der gewöhnlichen Elektrodynamik entstehen würde.

Aus den in § 2 angestellten Überlegungen folgt nun zunächst, daß unter Vernachlässigung kleiner, dem Quadrat der äußeren Kräfte proportionalen Größen $\Psi = \Psi_E + \Psi_M$ während der Störungen konstant bleiben wird in einem so großen Zeitintervall, daß darin die störenden Kräfte eine beträchtliche Veränderung in der Gestalt und Lage der Elektronenbahn hervorbringen können; d. h. in einem Zeitintervall von derselben Größenordnung wie σ/λ, wenn, gerade wie in § 2, λ eine kleine Größe von derselben Größenordnung wie das Verhältnis zwischen den auf das Elektron wirkenden äußeren Kräften und der vom Kerne ausgeübten Anziehung bezeichnet. Aus einer Überlegung analog der in § 2 angestellten, können wir ferner schließen, daß in den stationären Zuständen des gestörten Systems die Größe $\Psi = \Psi_E + \Psi_M$ gleich der Zusatzenergie des Systems ist, die von der Anwesenheit der äußeren Felder herrührt. Wir wollen nämlich annehmen, daß diese Felder langsam mit gleichförmiger Geschwindigkeit in einem Zeitraum von $t = 0$ bis zu einem Zeitraum $t = \vartheta$ hergestellt werden, wo ϑ eine Größe von derselben Größenordnung wie σ/λ bedeutet. Für die Gesamtänderung der inneren Systemenergie während dieses Prozesses erhalten wir dann unter Vernachlässigung von kleinen λ^2 proportionalen Größen

$$\Delta_\vartheta \alpha_1 = e \int_0^\vartheta \frac{t}{\vartheta} \sum_1^3 \frac{\partial \Phi}{\partial q_k} \dot{q}_k\, dt - \frac{e}{c} \int_0^\vartheta \frac{\omega B}{\vartheta}\, dt,$$

---

[1]) Berücksichtigt man die relativistischen Abänderungen, so kann man die Bahn des ungestörten Elektrons nicht als streng periodisch gelten lassen; man sieht jedoch, daß die säkularen Änderungen der Bahn auch jetzt noch aus den Gleichungen (46) zu erhalten sind, wenn nur zu dem Ausdruck für Ψ, wie er im Text definiert ist, ein Glied hinzugefügt wird, das gleich dem durch die Formel (70) in § 3 gegebenem Ausdruck für Ψ ist.

wo das erste Glied die an dem System durch die langsam wachsenden äußeren elektrischen Kräfte geleistete Arbeit bedeutet, während das zweite Glied die Arbeit darstellt, die von den induzierten, die Änderung des magnetischen Feldes begleitenden elektrischen Kräften geleistet wird. Durch partielle Integration des ersten Gliedes erhalten wir aus dieser Gleichung mit der hier in Betracht kommenden Annäherung

$$\Delta_\vartheta \alpha_1 - e\Phi_\vartheta = -\frac{e}{\vartheta}\int_0^\vartheta (\Phi + \frac{\omega}{c}B)\,dt = \frac{1}{\vartheta}\int_0^\vartheta (\Psi_E + \Psi_M)\,dt$$

$$= \frac{1}{\vartheta}\int_0^\vartheta \Psi\,dt \quad \ldots \quad (85)$$

Nun ist der Ausdruck auf der linken Seite dieser Gleichung gleich der von der Herstellung des äußeren Feldes herrührenden Änderung der Gesamtenergie. Da der Ausdruck auf der rechten Seite offenbar eine kleine Größe von derselben Größenordnung wie $\lambda \alpha_1$ ist, so folgt daher aus (85) erstens, daß die säkularen Änderungen der α_2, α_3, β_2, β_3, während die Felder anwachsen, geradeso wie in dem in § 2 (s. S. 66) betrachteten Falle durch ein System von Gleichungen von derselben Form wie (46) gegeben sein werden, wo Ψ durch $\frac{t}{\vartheta}\Psi$ zu ersetzen ist und α_1 wieder als Konstante angesehen werden kann. Auch im vorliegenden Falle folgt somit, daß Ψ während der Herstellung der äußeren Felder konstant bleiben wird, und wir sehen daher, daß der Ausdruck auf der rechten Seite von (85) einfach gleich Ψ sein wird; ein Ergebnis, das unter Benutzung des Prinzips von der mechanischen Transformierbarkeit der stationären Zustände zu der oben erwähnten Schlußfolgerung führt, daß der Wert der Zusatzenergie in den stationären Zuständen des gestörten Systems durch den Wert von Ψ in diesen Zuständen gegeben ist.

Aus den oben erwähnten Betrachtungen folgt, daß sich das Problem, die stationären Zustände des Wasserstoffatoms bei Anwesenheit äußerer elektrischer oder magnetischer Kräfte zu bestimmen, in einer Weise behandeln läßt, ganz analog der, die wir in § 2 anwandten für den Fall eines periodischen Systems, das einem kleinen äußeren Feld konstanten Potentials unterworfen ist. Wenn daher die säkularen Störungen, wie sie durch (46) bestimmt sind, von bedingt periodischem Typus sind, so werden wir zu erwarten haben, daß unter Vernachlässigung kleiner λ proportionaler Größen die Zyklen der von der Elektronenbahn in den stationären Zuständen des gestörten Systems angenommenen Gestalten und Lagen durch die Bedingungen (55) charakterisiert und die möglichen Werte der Zusatzenergie des Atoms in den stationären Zuständen durch diese Bedingungen festgelegt sein werden, wenn kleine λ^2 proportionale Größen vernachlässigt sind. Wir müssen also schließen, daß auch bei Anwesenheit äußerer magnetischer Kräfte die Linien des Wasserstoffspektrums, wenn nur die säkularen Störungen von bedingt periodischem Typus sind, in eine Anzahl scharfer Komponenten aufgespalten sind, deren Frequenzen sich aus den Bedingungen (67) zusammen mit der Beziehung (1) bestimmen lassen. Was ferner die Frage nach den Intensitäten und Polarisationen dieser Komponenten betrifft, so können wir auf einem Wege vorgehen, der dem in § 2 eingeschlagenen ganz analog ist. Wenn nämlich die säkularen Störungen von bedingt periodischem Typus sind, so läßt sich die Elektronenverschiebung in jeder gegebenen Richtung als eine Summe harmonischer Schwingungen durch einen Ausdruck von demselben Typus wie (65) darstellen. Überdies kann man zeigen, daß der Unterschied für die Gesamtenergie in zwei benachbarten Zuständen des gestörten Systems wieder durch den Ausdruck (66) gegeben ist[1]). Die allgemeinen in § 2 angestellten Betrachtungen lassen sich daher ohne Änderungen auf das Problem anwenden, die Intensität und Polarisation der Komponenten zu bestimmen, in die die Wasserstofflinien bei Anwesenheit kleiner äußerer Kräfte aufgespalten werden, auch wenn diese Kräfte ganz oder teilweise magnetischen Ursprungs sind. Ähnlich ist zu sehen, daß die Bestimmung der Wirkung, die auf ein gestörtes Wasserstoffatom von einem zweiten im Vergleich mit dem ersten kleinen äußeren Feld ausgeübt wird, auch in diesem Fall unmittelbar mit Hilfe der am Schluß von § 2 angestellten Betrachtungen behandelt werden kann.

---

[1]) Vgl. d. Anm. auf S. 81. Auch bei Anwesenheit kleiner magnetischer Kräfte läßt sich die Bewegung des gestörten Systems mit Hilfe eines passend gewählten Systems von Winkelvariablen beschreiben, wenn auch die säkularen Störungen von bedingt periodischem Typus sind.

Mit einer unmittelbaren Anwendung der vorstehenden Überlegungen haben wir es zu tun, wenn das Wasserstoffatom der gleichzeitigen Einwirkung eines äußeren elektrischen und eines äußeren magnetischen Feldes ausgesetzt ist, die Axialsymmetrie um eine gemeinsame durch den Kern gelegte Achse besitzen. Indem wir dasselbe System von Bahnkonstanten wie in § 2, S. 76, einführen, finden wir, daß in diesem Falle Ψ_M sowohl wie Ψ_E und folglich die in den Gleichungen (46) auftretende Funktion $\Psi = \Psi_E + \Psi_M$ außer von α_1 auch von α_2, β_2 und α_3, aber nicht von β_3 abhängen wird. Die säkularen Störungen der Elektronenbahn werden daher in diesem Falle denselben Charakter besitzen, wie in dem in § 2 betrachteten, in dem das Atom nur einem einzigen axialsymmetrischen elektrischen Feld ausgesetzt ist, und die Bedingungen, die die stationären Zustände des gestörten Systems festlegen, werden wieder durch die Beziehungen (61) ausgedrückt sein. Was überdies die Frage nach der Wahrscheinlichkeit eines spontanen Überganges von einem stationären Zustand zum anderen betrifft, so finden wir gerade wie in § 2 aus einer Betrachtung der harmonischen Schwingungen, in die die Elektronenbewegung aufgelöst werden kann, daß nur zwei Typen von Übergängen möglich sind: Bei Übergängen des ersten Typus bleibt n_2 ungeändert und die begleitende Strahlung ist der gemeinsamen Achse der störenden Felder parallel polarisiert; bei Übergängen des zweiten Typus ändert sich n_2 um eine Einheit und die begleitende Strahlung wird in einer auf dieser Achse senkrecht stehenden Ebene parallel zirkular sein. In diesem Zusammenhang ist indes zu bemerken, daß die Zahl der Komponenten, in die eine gegebene Wasserstofflinie bei Anwesenheit eines magnetischen Feldes aufgespalten wird, im allgemeinen doppelt so groß sein wird wie die Zahl der Komponenten, die bei Anwesenheit eines äußeren axialsymmetrischen elektrischen Feldes auftreten. Im letztgenannten Falle wird nämlich die Elektronenbewegung in zwei stationären Zuständen des gestörten Systems, die zu demselben Typus von n gehören, symmetrisch zu einer durch diese Achse gelegten Ebene sein und diese Zustände werden daher denselben Wert für die Zusatzenergie besitzen, wenn n_1 das gleiche ist, und die Werte von n_2 numerisch gleich sind, aber entgegengesetztes Vorzeichen besitzen. Wenn andererseits das Atom auch einem magnetischen Feld ausgesetzt ist, wird das nicht gelten, weil der Wert der Funktion Ψ_M im Gegensatz zu dem Wert von Ψ_E nicht dasselbe Zeichen für zwei Bahnen besitzt, die in bezug auf die Achse dieselbe Gestalt und Lage haben, für die aber der Umdrehungssinn der Elektronen entgegengesetzt ist. Betrachten wir zwei Zustände des gestörten Atoms, für die die Werte von n_1 gleich sind und die Werte von n_2 numerisch gleich, aber von entgegengesetztem Vorzeichen, so finden wir daher, daß, wenn das Atom nur einem magnetischen axialsymmetrischen Feld ausgesetzt ist, die Werte der Zusatzenergie, abgesehen vom Vorzeichen, gleich sein werden; während, wenn das Atom sowohl einem magnetischen als auch einem elektrischen Feld ausgesetzt ist, sich die Zusatzenergien in zwei solchen Zuständen im allgemeinen auch in ihren numerischen Werten unterscheiden werden. Im Gegensatz zu dem, was im allgemeinen für ein Atom in einem elektrischen axialsymmetrischen Felde zutrifft, sieht man daher, daß, wenn das Wasserstoffatom nur einem magnetischen axialsymmetrischen Feld ausgesetzt ist, das System der Komponenten, in die sich eine gegebene Wasserstofflinie auflöst, im Hinblick auf die Frequenzen sowohl als auf die Intensitäten und Polarisationen vollständig symmetrisch zur Lage der ursprünglichen Linie sein wird. Überdies folgt aus den obigen Betrachtungen: Wird ein Wasserstoffatom einem elektrischen axialsymmetrischen Feld ausgesetzt, und nun dazu allmählich ein äußeres magnetisches Feld mit der gleichen Symmetrieachse hergestellt, so wird jede Komponente, die bei alleiniger Anwesenheit des ersten Feldes auftrat, in zwei Komponenten aufgespalten, und zwar so, daß jede der Achse parallel polarisierte Komponente in zwei Komponenten von derselben Polarisation aufgespalten wird, während jede zur Achse senkrecht polarisierte Komponente, die ursprünglich bei einer Beobachtung parallel der Achse keine Polarisation zeigte, in zwei zirkular polarisierte Komponenten von entgegengesetztem Drehsinn aufgespalten wird. Ist das magnetische Feld klein, so liegen die neuen Komponenten symmetrisch zu der Lage der ursprünglichen und ihre Intensitäten werden angenähert gleich sein; wenn aber der störende Einfluß der magnetischen Kräfte auf die Elektronenbewegung von derselben Größenordnung wie der der äußeren elektrischen Kräfte wird, so werden die betreffenden Komponenten im allgemeinen unsymmetrisch zur ursprünglichen Lage sein, und ihre Intensitäten werden sich beträchtlich unterscheiden können.

Ein besonders einfaches Beispiel eines axialsymmetrischen Feldes stellt der zu Beginn dieses Paragraphen betrachtete Fall eines homogenen magnetischen Feldes dar. In diesem Falle finden wir, daß der gesamte magnetische Kraftfluß durch die Elektronenbahn gleich dem Produkt aus der Intensität H des magnetischen Feldes ist, und der Fläche, die umschlossen wird von der Projektion der Bahn auf eine senkrecht zu dieser Feldrichtung stehenden Ebene. Da diese Fläche gleich $\alpha_3/2m\omega$ ist, so erhalten wir daher aus (84)

$$\Psi_M = \frac{e\alpha_3}{2cm} H \quad \ldots \ldots \ldots \quad (86)$$

Aus den Gleichungen (46) folgt also: Die Wirkung eines homogenen magnetischen Feldes auf ein Wasserstoffatom, das außerdem einem äußeren elektrischen Feld von axialer Symmetrie um eine durch den Kern gehende der magnetischen Kraft parallele Achse ausgesetzt ist, besteht darin, daß eine gleichförmige Drehung der Bahn um diese Achse mit einer Frequenz gleich

$$\varrho_H = \frac{1}{2\pi} \frac{\partial \Psi_M}{\partial \alpha_3} = \frac{e}{4\pi mc} H$$

zu den säkularen Störungen hinzukommt, die bei Abwesenheit des magnetischen Feldes auftreten würden. Dieses Ergebnis folgt auch unmittelbar aus dem Larmorschen Satz, auf den die einfachen, am Anfang dieses Paragraphen angestellten Betrachtungen über die Wirkung eines homogenen magnetischen Feldes gegründet waren. Da eine überlagerte Drehung, wie die hier in Frage kommende, die Gestalt der Elektronenbahn und ihre Lage zur Achse nicht beeinflussen wird, so folgt aus (61), daß der Wert von Ψ_E in den stationären Zuständen des Atoms durch die Anwesenheit des magnetischen Feldes nicht geändert wird, und daß daher die Wirkung dieses Feldes auf die Zusatzenergie des Systems einfach in dem Hinzukommen eines durch

$$\Psi_M = \frac{e}{2mc} \frac{\mathfrak{n}_2 h}{2\pi} H = \mathfrak{n}_2 \varrho_H h \quad \ldots \ldots \quad (87)$$

gegebenen Gliedes besteht. Dieses Ergebnis war auch zu erwarten auf Grund einer einfachen Betrachtung über die mechanische Wirkung, die von einer langsamen und gleichförmigen Herstellung des magnetischen Feldes auf die Bewegung ausgeübt wird (vgl. S. 114). Unter Benutzung der oben angestellten Überlegungen über die Wahrscheinlichkeit des Übergangs von einem stationären Zustand zu einem anderen folgt, wie man sieht, aus (87): Die Anwesenheit des homogenen magnetischen Feldes wird die der Achse parallel polarisierten Komponenten ungeändert lassen, wird aber zur Folge haben, daß jede Komponente, die bei Abwesenheit des Feldes senkrecht zur Achse polarisiert war, nun in ein symmetrisches Dublett aufgespalten wird, dessen Glieder bei axialer Beobachtung zirkulare Polarisationen von entgegengesetztem Drehsinne zeigen und von der Lage der ursprünglichen Komponente um ein der Frequenzdifferenz v_H entsprechendes Stück verschoben sind.

Dieses Ergebnis läßt sich leicht auf das Problem anwenden, die gemeinsame Wirkung eines homogenen elektrischen und eines gleichgerichteten homogenen magnetischen Feldes auf die Wasserstofflinien zu bestimmen. Wenn daher die Intensitäten der Felder so groß sind, daß wir von den kleinen, durch die Relativitätstheorie geforderten Abänderungen absehen können, so werden wir nach den obigen Betrachtungen erwarten: Die betreffende Wirkung wird sich von dem gewöhnlichen Starkeffekt auf die Wasserstofflinien nur darin unterscheiden, daß jede senkrecht zur Feldrichtung polarisierte Komponente in zwei symmetrische Komponenten aufgespalten ist, die den äußeren Gliedern eines Lorentzschen Tripletts entsprechen. Das scheint auch in Übereinstimmung mit gewissen von Garbasso[1]) veröffentlichten Beobachtungen über die Wirkung zweier solcher Felder auf die Wasserstofflinie H_a zu sein. Unser Problem hätte auch mit der Methode der Variablenseparation behandelt werden können, da, wie leicht zu zeigen, bei Vernachlässigung der relativistischen Abänderungen das gestörte System eine Variablenseparation in parabolischen Koordinaten gestattet, gerade wie bei alleiniger Anwesenheit eines elektrischen Feldes. Wenn andererseits die relativistischen Abänderungen berücksichtigt werden, so versagt die Methode der Variablenseparation; aber aus den am Schlusse des vorgehenden

---

[1]) A. Garbasso, Phys. Zeitschr. **15**, 123 (1914).

Paragraphen angestellten Betrachtungen erkennt man, daß es auch in diesem Falle möglich ist, sofort vorherzusagen, welche Modifikation die auf die Feinstruktur der Wasserstofflinie ausgeübte Wirkung eines elektrischen Feldes durch die gleichzeitige Anwesenheit eines parallelen magnetischen Feldes erfährt. Gehen wir also zum Grenzfall eines verschwindenden elektrischen Feldes über, so sehen wir sofort aus dem Vorstehenden, daß **die Wirkung eines homogenen magnetischen Feldes auf die Feinstruktur der Wasserstofflinien in der Aufspaltung jeder Komponente in ein normales Lorentzsches Triplett besteht**. Soweit die Frequenzen der Komponenten in Betracht kommen, wurde dieses Ergebnis von Sommerfeld und Debye vorausgesagt, die unser Problem mit Hilfe der Variablenseparation in Polarkoordinaten behandelten (vgl. S. 121). Wenn wir für diesen Fall die stationären Zustände festlegen wollen, so müssen wir beachten, daß kein stationärer Zustand vorkommen kann, für den das Impulsmoment um eine um den Kern gelegte, dem magnetischen Feld parallele Achse verschwinden würde. Wie nämlich in § 4 gezeigt, müssen wir annehmen, daß für ein einem homogenen elektrischen Feld ausgesetztes Wasserstoffatom keine solchen Zustände möglich sein werden; und stellen wir uns vor, daß das elektrische Feld langsam gegen 0 abnimmt, während gleichzeitig ein dem elektrischen Feld paralleles magnetisches Feld hergestellt wird, so würde es möglich sein, ohne durch ein entartetes System hindurchzugehen, eine stetige Transformation der stationären Zustände des gestörten Atoms zu erhalten, während das Impulsmoment des Elektrons um diese Achse ungeändert bliebe. Wegen der Invarianz der apriorischen Wahrscheinlichkeit der stationären Zustände während einer solchen Transformation müssen wir daher schließen, daß es auch für den Fall eines Wasserstoffatoms bei Anwesenheit eines magnetischen Feldes keine stationären Zustände gibt, für die das Impulsmoment um die Achse verschwindet, obwohl diese Zustände in mechanischer Hinsicht keine Singularitäten aufweisen, so daß wir sie von vornherein für nicht physikalisch realisierbar halten müßten[1]).

---

[1]) **Anmerkung bei der Korrektur.** In seiner eben erschienenen Dissertation hat J. M. Burgers (Het Atoommodel van Rutherford-Bohr, Haarlem 1918) einen sehr interessanten Überblick über die Anwendung der Quantentheorie auf die Fragen des Atombaues gegeben, und ist in diesem Zusammenhang auch auf mehrere in der gegenwärtigen Arbeit erörterte Fragen

Wollen wir aber allgemein die auf das Wasserstoffatom ausgeübte Wirkung eines kleinen elektrischen oder magnetischen Feldes ohne axiale Symmetrie um eine durch den Kern gelegte Achse untersuchen, oder die Wirkung zweier solcher Felder zusammen, die keine solche Symmetrie um eine gemeinsame Achse besitzen, so müssen wir erwarten, daß die säkularen Störungen der Elektronenbahn im allgemeinen nicht von bedingt periodischem Typus sein werden. In einem solchen Falle können wir zu keiner vollständigen Festlegung der stationären Zustände gelangen, und wir dürfen schließen, daß die Anwesenheit äußerer Felder nicht Anlaß zu einer Aufspaltung der Wasserstofflinien in eine Zahl scharfer Komponenten geben wird, sondern

eingegangen; zum Beispiel auf die Frage nach der Beziehung zwischen dem nach Gleichung (1) aus den Energiewerten in den stationären Zuständen abgeleiteten Spektrum eines Atomsystems zu den Frequenzen der harmonischen Schwingungen, in die die Bewegung in diesen Zuständen aufgelöst werden kann; ferner hat er untersucht, wie die relativen Werte der apriorischen Wahrscheinlichkeiten für die verschiedenen stationären Zustände eines Atomsystems mit Hilfe des Ehrenfestschen Prinzips von der Invarianz dieser Werte während einer stetigen Transformation des Systems zu bestimmen sind. Zur Erläuterung dieser Betrachtungen hat Burgers einen Ausdruck für die relativen Werte der apriorischen Wahrscheinlichkeiten der verschiedenen stationären Zustände des ungestörten Wasserstoffatoms abgeleitet und zwar mit Hilfe einer Aufzählung der durch die Bedingungen (22) bestimmten stationären Zustände. Diese Bedingungen werden in Verbindung mit einer Variablenseparation in solchen Polarkoordinaten angewandt, die einem durch einen gegebenen Wert von n in der Bedingung $I = nh$ charakterisierten stationären Zustand des ungestörten Atoms entsprechen. Indem er nur solche Zustände ausschließt, für die der gesamte Drehimpuls des Elektrons um den Kern verschwinden würde, findet Burgers (a. a. O. S. 259) auf diese Weise für den Wert der betreffenden apriorischen Wahrscheinlichkeit $(n+1)^2 - 1$. Im Zusammenhang mit der in der Anmerkung auf S. 107 der vorliegenden Arbeit angestellten analogen Betrachtung, die zu einem verschiedenen Ergebnis führt, mag folgende Bemerkung am Platze sein: Durch eine Aufzählung der stationären Zustände des Atoms bei Anwesenheit, einerseits eines kleinen äußeren elektrischen, andererseits eines kleinen magnetischen Feldes, erhält man auf zwei Weisen relative Werte für die apriorische Wahrscheinlichkeit der verschiedenen stationären Zustände des ungestörten Wasserstoffatoms. Die erforderliche Übereinstimmung dieser beiden Bestimmungen ist nicht zu erhalten, wenn wir in beiden Fällen nur solche Zustände ausschließen wollten, für die der Drehimpuls des Elektrons um den Kern immer verschwinden würde. Denn während dieses Verfahren für den Fall eines magnetischen Feldes $(n+1)^2 - 1$ verschiedene, einem gegebenen Wert von n entsprechende stationäre Zustände ergäbe, würde es für den Fall eines elektrischen Feldes nur $(n+1)^2 - 2$ solche Zustände geben. Wenn andererseits die möglichen stationären Zustände auf die im Text erklärte Weise ausgewählt werden, so wird man offenbar die erforderliche Übereinstimmung erhalten.

zu einer Verbreiterung dieser Linien. Ein einfacher Fall, in dem die säkularen Störungen des Atoms nicht von bedingt periodischem Charakter zu sein scheinen, liegt vor, wenn zugleich auf das Wasserstoffspektrum ein äußeres homogenes elektrisches und ein äußeres homogenes magnetisches Feld wirken, deren Richtungen einen Winkel miteinander einschließen. Wenn die Wirkungen der zwei Felder auf die Elektronenbewegung von derselben Größenordnung sind, so können wir in diesem Falle erwarten, daß die Wasserstofflinien nicht in scharfe Komponenten aufgespalten, sondern verwaschen sein werden. Erinnern wir uns jedoch unserer auf S. 87 angestellten Betrachtungen über die Wirkung auf das Spektrum eines gestörten periodischen Systems, die von einem zweiten äußeren Felde ausgeht, dessen störender Einfluß klein ist, verglichen mit dem des ersten Feldes. Aus diesen Überlegungen schließen wir: Ist die Wirkung des einen der Felder auf die Elektronenbewegung groß im Vergleich mit der Wirkung des anderen, so werden die Wasserstofflinien noch eine Auflösung in eine Anzahl von Komponenten zeigen, deren Spektralbreiten klein sind im Vergleich mit den Verschiebungen, die sie bei alleiniger Anwesenheit des schwächeren der äußeren Felder erlitten hätten. Bei der Erörterung dieses Problems werden wir der Einfachheit halber den Einfluß der relativistischen Abänderungen vernachlässigen, indem wir annehmen, daß die von jedem äußeren Feld einzeln auf das Spektrum ausgeübte Wirkung groß ist, im Vergleich mit den Abmessungen der Feinstruktur der Wasserstofflinien. Bezeichnen wir, wie in § 2 mit μ eine kleine Konstante von derselben Größenordnung wie das Verhältnis zwischen der schwächeren und der stärkeren äußeren Kraft auf das Elektron und mit λ eine kleine Konstante von derselben Größenordnung wie das Verhältnis zwischen der letztgenannten Kraft und der von dem Kern herrührenden Anziehung, so ergibt sich wie auf S. 86 gezeigt: Unter Vernachlässigung von Größen, die von derselben Größenordnung klein sind wie $\lambda\mu^2$ [1]), ist im allgemeinen diese Änderung in

---

[1]) Streng genommen gilt das Ergebnis unter Vernachlässigung kleiner Größen von der Größenordnung der größeren der Größen λ^2 und $\lambda\mu^2$, aber der Einfachheit halber ist hier und im folgenden angenommen, daß μ nicht kleiner ist als $\sqrt{\lambda}$ (vgl. S. 87).

der Zusatzenergie des Atoms, die von der Anwesenheit des schwächeren Feldes herrührt, unmittelbar zu erhalten, indem man den Mittelwert, der dem schwächeren Felde entsprechenden Funktion Ψ über den Zyklus von Gestalten und Lagen bildet, die die Elektronenbahn bei alleiniger Anwesenheit des stärkeren Feldes durchlaufen würde. In unserem besonderen Falle jedoch ist das gestörte System, das aus einem Atom bei alleiniger Anwesenheit des stärkeren Feldes besteht, entartet, da die säkularen Störungen der Elektronenbahn von einem einfachen periodischem Charakter sind. Der betreffende Mittelwert wird daher nicht vollständig bestimmt sein, sondern verschieden für die verschiedenen periodischen Zyklen von Gestalten und Lagen der Bahn, d. h. für die stetige Menge der stationären Bewegungen, die das Elektron in jedem der stationären Zustände des Atoms bei alleiniger Anwesenheit des stärkeren Feldes ausführen könnte. Um die stationären Zustände bei Anwesenheit beider Felder und die von der Anwesenheit des schwächeren Feldes herrührende Zusatzenergie zu bestimmen, wird es daher, wie auf S. 88 erwähnt, nötig sein, die Beziehung zwischen dem betreffenden Mittelwert und der Frequenz der langsamen periodischen „säkularen" Veränderung zu untersuchen, die die betreffenden Zyklen unter dem Einfluß des schwächeren der äußeren Felder erleiden. Nun läßt sich in unserem besonderen Fall das Problem sehr einfach behandeln, wenn wir uns das schwächere Feld aus zwei homogenen Feldern zusammengesetzt denken, deren eines dem stärkeren Feld parallel, deren anderes senkrecht zu ihm gerichtet ist, und wenn wir gesondert die säkularen Wirkungen jedes dieser beiden Felder betrachten. Der periodische Zyklus nämlich von Gestalten und Lagen, die die Elektronenbahn bei alleiniger Anwesenheit des stärkeren Feldes durchlaufen würde, besitzt in bezug auf dessen Achse Symmetriecharakter. Daher wird, wie leicht zu sehen, der Beitrag, den die senkrechte Komponente des schwächeren Feldes zu dem diesem Feld entsprechenden Mittelwert von Ψ liefert, verschwinden. Hieraus folgt, daß die säkulare Wirkung des schwächeren Feldes unter Vernachlässigung kleiner μ^2 proportionaler Größen dieselbe sein wird, wie wenn nur die Parallelkomponente dieses Feldes auf das Atom wirkte; und wir sehen daher, daß in den stationären Zuständen des Atoms bei Anwesenheit beider Felder die möglichen Zyklen von Gestalten und Lagen der Elektronenbahn ebenso charakterisiert sein werden, wie wenn das schwächere Feld dem starken parallel wäre. Das Problem indes, die stationären Zustände eines Wasserstoffatoms bei Anwesenheit eines homogenen elektrischen und eines ihm parallelen homogenen magnetischen Feldes zu bestimmen, ist sehr einfach. Wie nämlich aus den auf S. 131 angestellten Betrachtungen hervorgeht, werden die stationären Zustände in diesem Falle vollständig durch zwei Bedingungen bestimmt sein, von denen die eine geradeso wie in der einfachen Theorie des Starkeffekts die Lage der Ebene festlegt, in der sich der elektrische Schwerpunkt bewegt, während die andere Bedingung den Wert des Drehimpulses des Elektrons um die Feldachse in derselben Weise wie in der einfachen Theorie des Zeemaneffekts bestimmt. Im Zusammenhang mit unserem Problem mag die folgende Bemerkung zur Erläuterung dienen: Wenn der störende Einfluß des elektrischen Feldes groß im Vergleich mit dem des magnetischen ist, kann auch die zweite dieser Bedingungen so aufgefaßt werden, als werde sie dem System durch die langsame und gleichförmige Drehung auferlegt, die sich unter der Einwirkung des magnetischen Feldes dem periodischen Zyklus von den bei alleiniger Anwesenheit des elektrischen Feldes vorhandenen Bahnlagen und Bahngestalten überlagert. Ist andererseits die Wirkung des magnetischen Feldes groß im Vergleich mit der des elektrischen, so kann man auch sagen, die erste Bedingung rühre von der langsamen periodischen Schwingung in der Gestalt und der Lage der Bahn gegen die Achse her, die unter Einwirkung des elektrischen Feldes sich der gleichförmigen Drehung überlagert, die die Bahn des Elektrons bei alleiniger Anwesenheit des magnetischen Feldes ausführen würde.

Wir wollen nun ein Wasserstoffatom betrachten, das gleichzeitig dem Einfluß eines homogenen elektrischen Feldes von der Intensität F ausgesetzt ist und eines homogenen magnetischen Feldes von der Intensität H, dessen Richtung mit der Richtung des elektrischen Feldes einen Winkel φ bildet. Aus dem oben Gesagten folgt, daß, wenn der störende Einfluß des elektrischen Feldes groß im Vergleich mit dem von dem magnetischen Feld ausgehenden ist, die Hauptwirkung, die von dem letztgenannten Feld auf das Spektrum ausgeübt wird, als eine Aufspaltung jeder senkrecht zur Richtung des elektrischen Feldes polarisierten Starkeffektkomponente in zwei zirkular polarisierte Komponenten beschrieben werden kann; diese Komponenten entsprechen den äußeren Gliedern des Lorentzschen Tripletts, das durch ein magnetisches Feld von der Intensität $H\cos\varphi$ hervorgerufen werden würde. Wenn andererseits der störende Einfluß des magnetischen Feldes groß ist im Vergleich mit dem des elektrischen, so folgt: Die Hauptwirkung des letztgenannten Feldes auf das Spektrum kann beschrieben werden als die Auflösung der mittleren Komponente und jeder der äußeren Komponenten des normalen Zeemaneffekts in eine Anzahl von Komponenten, die den parallelen und senkrechten Komponenten eines durch ein elektrisches Feld von der Intensität $F\cos\varphi$ hervorgerufenen Starkeffekts entsprechen.

Die eben beschriebenen Wirkungen jedoch, die dieselben sind wie die, die bei alleiniger Wirkung der Parallelkomponente des schwächeren Feldes auf das Atom auftreten würden, werden nicht die einzigen sein, die von der Anwesenheit des schwächeren Feldes herrühren. Obwohl nämlich die senkrechte Komponente des schwächeren Feldes, von kleinen μ^2 proportionalen Größen abgesehen, keine säkulare Wirkung auf die Zyklen von Gestalten und Lagen ausüben wird, die die Elektronenbahn bei alleiniger Anwesenheit des stärkeren Feldes durchlaufen würde, so werden sie offenbar in der Bewegung des Elektrons innerhalb dieses Zyklus μ proportionale Änderungen hervorrufen. Wenn z. B. das schwächere Feld dem stärkeren parallel wäre, so würde die Elektronenbewegung im gestörten Atom aus einer Anzahl linear in der Feldrichtung polarisierter Schwingungen bestehen, deren Frequenzen vom Typus $|\tau\omega_P + t_1 o_1|$ sind und aus einer Anzahl zirkular-harmonischer Drehungen in einer Ebene senkrecht zu dieser Richtung, deren Frequenzen vom Typus $|\tau\omega_P + t_1 o_1 + o_2|$ sind (vgl. S. 83). Im allgemeinen Fall indes, wo das schwächere Feld nicht parallel dem stärkeren ist, wird in dem Ausdruck für die Elektronenverschiebung in einer gegeben Richtung außerdem noch eine Anzahl harmonischer Schwingungen mit μ proportionalen Amplituden auftreten. Wie eine genauere Betrachtung der Störungen zeigt, sind ihre Frequenzen gleich der Summe oder der Differenz einer der Frequenzen, in die die Bewegung nach dieser Richtung bei Parallelität der Felder aufgelöst werden kann und einer der kleinen Frequenzen vom Typus $|t_1 \mathfrak{o}_1 + \mathfrak{o}_2|$, die in dem Ausdruck für die säkularen Störungen des Elektrons in diesem Falle auftreten. Ein Teil dieser Zusatzschwingungen wird wieder Frequenzen von den Typen $|\tau \omega_P + t_1 \mathfrak{o}_1|$ und $|\tau \omega_P + t_1 \mathfrak{o}_1 + \mathfrak{o}_2|$ besitzen und zur Folge haben, daß die Bewegung statt aus streng linearen und streng zirkularen Schwingungen wie in dem Falle paralleler äußerer Felder zu bestehen, aus elliptischen harmonischen Schwingungen zusammengesetzt ist, die teils angenähert linear und parallel der Richtung des stärkeren Feldes polarisiert sind, teils angenähert zirkular und in einer auf dieser Richtung senkrecht stehenden Ebene. Danach haben wir zu erwarten, daß vermöge der Anwesenheit der senkrechten Komponente des schwächeren Feldes die verschiedenen oben erwähnten Komponenten nicht scharf polarisiert sein werden. Ferner wird in der Bewegung des gestörten Systems auch eine Anzahl harmonischer Schwingungen auftreten, die in einer senkrecht zur Richtung des äußeren Feldes stehenden Ebene zirkular polarisiert sind, deren Amplituden kleine μ proportionale Größen und deren Frequenzen vom Typus $|\tau \omega_P + t_1 \mathfrak{o}_1 + 2 \mathfrak{o}_2|$ sind. Wir haben daher im Spektrum das Auftreten einer Anzahl neuer schwacher Komponenten zu erwarten, die einem bei Parallelität der äußeren Felder nicht möglicher Typus des Überganges von einem stationären Zustand zum anderen entsprechen. Bei genauerer Betrachtung der Frequenzen dieser neuen Komponenten haben wir uns indes unserer obigen Bemerkung zu erinnern, daß nur dann die gegenwärtige Behandlung des Störungsproblems den bedingt periodischen Charakter der Elektronenbewegung in einem Zeitraum von der Größenordnung $\frac{\sigma}{\lambda}$ verbürgt, wenn wir von kleinen Größen von derselben Größenordnung wie μ^2 absehen. Wir müssen daher darauf gefaßt sein, die Frequenzen der Schwingungen von kleinen Amplituden nicht mit demselben Genauigkeitsgrad definiert zu finden, wie die Frequenzen der Schwingungen von großen Amplituden. Während so die Frequenzen der großen Schwingungen unter Vernachlässigung kleiner $\lambda\mu^2$ proportionaler Größen definiert sind, sind die Frequenzen der kleinen in Betracht kommenden Schwingungen offenbar nur unter Vernachlässigung kleiner $\lambda\mu$ proportionaler Größen definiert. Wie uns also im allgemeinen eine Energiedefinition für die stationären Zustände gestörter Systeme der betrachteten Art fehlt, so müssen wir auch darauf gefaßt sein zu finden: Im Gegensatz zu dem Verhalten der starken Komponenten, für die zu erwarten ist, daß der bei weitem größte Teil der Intensität in einem $\lambda\mu^2$ proportionalen Spektralbereich enthalten ist, werden die neuen Komponenten sich über Spektralbereiche von einer $\lambda\mu$ proportionalen Größe ausbreiten[1]). In dem Falle also, daß die Wirkung des äußeren elektrischen Feldes groß ist, verglichen mit dem des magnetischen, könnten wir zunächst erwarten: Auf jeder Seite einer jeden der elektrischen Kraft parallel polarisierten Starkeffektkomponente würde eine schwache Komponente auftreten, die zirkular polarisiert ist; und diese würde von der ursprünglichen Komponente um einen Betrag verschoben sein, der doppelt so groß ist, wie die Verschiebung der starken Komponenten, in die die senkrecht polarisierten Starkeffektkomponenten infolge des schwachen magnetischen Feldes aufgespalten werden. Wir müssen indes erwarten, diese schwachen Begleiter so verbreitert zu finden, daß sie nicht trennbar sein werden von der schwachen

---

[1]) Vgl. d. Anm. auf S. 87. — Unter Berücksichtigung der allgemeinen Gültigkeit der Beziehung (1) erkennen wir: Die Annahme, daß die schwachen Komponenten diese Verbreiterung besitzen, hat die andere zur Folge, daß die entsprechenden Übergänge — ihre Wahrscheinlichkeit ist sehr klein, verglichen mit der Wahrscheinlichkeit der für das Auftreten der starken Komponenten verantwortlich zu machenden Übergänge — im allgemeinen nur von einem stationären Zustand zu einem anderen des gestörten Systems stattfinden, die beide nicht zu der wohldefinierten Mannigfaltigkeit stationärer Zustände gehören, in denen sich in einem gegebenen Augenblick die überwiegende Mehrzahl unter einer großen Zahl von Atomen befindet. Wenn also die Wirkung des äußeren elektrischen Feldes groß ist, gegen die des magnetischen Feldes, so dürfen wir erwarten, daß sowohl in den Anfangszuständen wie in den Endzuständen der betreffenden Übergänge die Lagen der Ebenen, in denen sich die elektrischen Schwerpunkte bewegen, mit den Lagen dieser Ebenen in denjenigen Zuständen übereinstimmen werden, die zu der eben erwähnten Mannigfaltigkeit gehören, während der Drehimpuls des Elektrons um die Achse des elektrischen Feldes sich im allgemeinen um einen Betrag ändern wird, der nicht einem ganzen Vielfachen von $h/2\pi$ gleich ist. Wenn andererseits die Wirkung des magnetischen Feldes die größere ist, wird der Drehimpuls des Elektrons um diese Feldachse bei den betreffenden Übergängen sich um das Doppelte von $h/2\pi$ ändern, während wir erwarten dürfen, daß die Ebene, in der sich der elektrische Schwerpunkt bewegt, im allgemeinen wenigstens in einem der zu diesen Übergängen gehörigen Zustände von den Lagen dieser Ebene in den stationären Zuständen der oben betrachteten Mannigfaltigkeit unterschieden ist.

senkrechten Komponente, die dieselbe Frequenz besitzt wie die starke Parallelkomponente, zu deren beiden Seiten eben jene Begleiter liegen, und deren Auftreten eine Folge der erwähnten Unschärfe in der Polarisation der starken Komponenten ist. Wenn andererseits die Wirkung des magnetischen Feldes groß gegen die des elektrischen ist, so wird jede schwache Komponente des betrachteten Typus, für den bei den entsprechenden Übergängen des Drehimpuls des Elektrons um die Achse des magnetischen Feldes sich um das Doppelte von $\dfrac{h}{2\pi}$ ändern wird, in einem Abstand von der ursprünglichen Wasserstofflinie liegen, der ungefähr doppelt so groß ist wie der der äußeren Komponenten des normalen Zeemaneffektes und daher deutlich trennbar von den starken Komponenten, in die jede Komponente des normalen Zeemaneffektes bei Anwesenheit eines kleinen elektrischen Feldes aufgespalten wird. Wir müssen indes erwarten, daß die schwächeren Komponenten nicht, wie man auf den ersten Blick vermuten könnte, zwei Gruppen deutlich getrennter Linien bilden, sondern daß sie nur als zwei verwaschene Linien von entgegengesetzter zirkularer Polarisation und einer $\lambda\mu$ proportionaler Spektralbreite erscheinen [1]).

§ 6. Das kontinuierliche Wasserstoffspektrum.

Wir werden die Betrachtungen dieses Teiles durch eine kurze Besprechung des charakteristischen kontinuierlichen Wasserstoffspektrums im ultravioletten Gebiet beschließen, das eng mit dem durch (35) gegebenen Serienspektrum zusammen-

---

[1]) Beobachtungen, die die vorstehenden Ergebnisse im einzelnen zu prüfen gestatteten, scheinen in der Literatur nicht vorzuliegen. Man sieht aber, daß die oben angestellten Überlegungen eine Erklärung für den allgemeinen Charakter der von F. Paschen und E. Back (Ann. d. Phys. **29**, 897 [1912]) gefundenen bemerkenswerten Abweichungen von dem normalen Zeemaneffekt liefern. Diese Abweichungen wurden beobachtet, wenn die Wasserstofflinien durch den Durchgang einer kräftigen kondensierten elektrischen Entladung durch ein Kapillarrohr erregt wurden, das senkrecht zur Richtung des magnetischen Feldes aufgestellt war. Außer der charakteristischen Unschärfe in der Polarisation der Mittelkomponente, die alle von Paschen und Back veröffentlichten Spektrogramme aufweisen, enthält besonders eine der Photographien (Tafel VIII, Bild 4) die Andeutung einer schwachen, senkrecht polarisierten verwaschenen Linie auf jeder Seite der ursprünglichen Linie in einem Abstand, der doppelt so groß ist wie der der äußeren Komponente des normalen Effektes.

hängt. Es besteht aus einer Strahlung, deren Frequenzen kontinuierlich über einen Spektralbereich ausgebreitet sind, der sich von dem Kopf der Balmerschen Serie nach der Richtung höherer Frequenzen erstreckt[1]). Das Vorhandensein eines derartigen kontinuierlichen Spektrums ist gerade das, was nach einer natürlichen Verallgemeinerung der Prinzipien zu erwarten ist, die der Quantentheorie der Serienspektren zugrunde liegen[2]). Dieses Spektrum kann nämlich unmittelbar mit Hilfe der Beziehung (1) erklärt werden: Wir haben dazu anzunehmen, daß das Spektrum, das von einem aus einem Kern und einem Elektron bestehenden System ausgesandt wird, nicht nur aus den Strahlungen besteht, für die Anfangs- und Endzustand des Überganges zu der Menge stationärer Zustände gehört, bei denen das Elektron eine geschlossene durch die Bedingung $I = nh$ charakterisierte Bahn beschreibt, sondern auch aus Strahlungen, für die der Anfangs- oder Endzustand des Überganges (oder beide) zu der Menge der Zustände gehört, in denen das Elektron genügend Energie besitzt, um sich unendlich weit vom Kern zu entfernen. Während das Elektron in den Zuständen des zuerst erwähnten Typus als an den Kern „gebunden" gelten kann, so daß es mit ihm ein Atom bildet, so können wir sagen, daß es in den Zuständen des zuletzt erwähnten Typus „frei" ist. Um das Auftreten des kontinuierlichen Spektrums zu erklären, ist die Annahme nötig, daß die Bewegungen in den „freien" Zuständen nicht durch außermechanische Bedingungen eingeschränkt sind von dem Typus, der für die Zustände der „Bindung" gilt, sondern daß alle Bewegungen, die mit der gewöhnlichen Mechanik verträglich sind, auch physikalisch mögliche Zustände darstellen werden. Diese Annahme würde sich auch ungezwungen vom Standpunkt der der gegenwärtigen Arbeit zugrunde gelegten

---

[1]) Dieses Spektrum wurde als ein Emissionsspektrum in den Spektren der Sonnenprotuberanzen und Planetennebeln beobachtet (s. J. Evershed, Phil. Trans. Roy. Soc. 197 A., S. 399 [1901] und W. H. Wright, Lick Observatory Bulletin No. 291 [1917]) sowohl wie in direkten Laboratoriumsversuchen über Spektren, die durch positive Strahlen erregt werden (s. J. Stark, Ann. d. Phys. **52**, 255 [1917]). Ferner wurde es beobachtet als Absorptionsspektrum in den Spektren verschiedener Sterne (s. W. Huggins, An Atlas of Representative Stellar Spectra, S 85 [1899] und J. Hartmann, Phys. Zeitschr. **18**, 429 [1917]).

[2]) Vgl. N. Bohr, Phil. Mag. **26**, 17 [1913] (Abh. über Atombau, S. 17) und auch P. Debye, Phys. Zeitschr. **18**, 428 [1917].

quantentheoretischen Prinzipien ergeben¹). So ist zunächst zu bemerken: Wollte man versuchen, zwischen den verschiedenen Zuständen des betreffenden Typus mit Hilfe von Betrachtungen über die mechanische Stabilität der stationären Zustände langsamen Veränderungen der äußeren Bedingungen gegenüber, zu unterscheiden, so müßte ein solcher Versuch fehlschlagen wegen des wesentlich nicht periodischen Charakters der Bewegung; denn dieser Charakter ist unvereinbar mit der Idee der Invarianz extra-mechanischer Bedingungen solchen Transformationen gegenüber. Berücksichtigt man ferner die formale Analogie zwischen der Quantentheorie und der gewöhnlichen Strahlungstheorie, so sieht man: Da die Bewegung eines freien Elektrons in seiner Hyperbelbahn nicht in eine Summe harmonischer Schwingungen mit diskontinuierlich sich verändernden Frequenzen aufgelöst werden kann, sondern nur dargestellt werden kann als ein Fouriersches Integral, das über einen stetigen Frequenzbereich zu erstrecken ist, so liegt von vornherein die Annahme nahe, daß das freie Elektron unter Emission oder Absorption von Strahlung zu jedem beliebigen unter einer stetigen Menge von Zuständen übergehen kann, die einer stetigen Menge von Energiewerten des Systems entsprechen. Aus den vorstehenden Betrachtungen können wir mit Hilfe der Gleichung (1) schließen, daß das vollständige von dem Wasserstoffatom ausgesandte Spektrum außer dem Serienspektrum und dem oben erwähnten kontinuierlichen ultravioletten Spektrum, das Übergängen entspricht von einem freien Zustand zu einem durch $n = 2$ in (41) charakterisierten stationären Zustand, noch eine Menge kontinuierlicher Spektren enthalten wird; diese werden Übergängen von freien Zuständen zu anderen stationären Zuständen entsprechen, und jedes von ihnen wird sich von einem der Frequenzwerte, die durch (35) gegeben sind, wenn wir $n' = \infty$ setzen, in Richtung wachsender Frequenzen erstrecken. Überdies dürfen wir die Anwesenheit eines schwachen kontinuierlichen Spektrums

---

¹) Eine abweichende Auffassung hat Epstein vertreten. In einer neueren Arbeit (Ann. d. Phys. **50**, 815 [1916]) versuchte er eine Erklärung zu erhalten für gewisse Beobachtungen über den photoelektrischen Effekt von Wasserstoff, der in Metallen okkludiert war; hierzu wandte er Bedingungen vom selben Typus wie (22) auf Zustände des Wasserstoffatoms an, in denen das Elektron eine Hyperbelbahn beschreibt, und versuchte in ähnlicher Weise eine Theorie der charakteristischen β-Strahlspektren radioaktiver Substanzen zu entwickeln.

erwarten, das sich als ein kontinuierlicher Hintergrund über das ganze Frequenzgebiet erstreckt, und das Übergängen entspricht, für die sowohl der Anfangs- als der Endzustand des Elektrons frei ist. Die relativen Intensitäten dieser verschiedenen kontinuierlichen Spektren und die Gesetze, nach denen die Intensitäten in jedem von ihnen verteilt sind, werden, das dürfen wir erwarten, in erheblichem Maße je nach den Erregungsbedingungen der Strahlung variieren. Während z. B. das kontinuierliche Wasserstoffspektrum, wenn es als Emissionsspektrum in Sternen beobachtet wird, einen plötzlichen Anfang am Kopf der Balmerserie aufweist, war das von Stark in seinen oben zitierten Versuchen beobachtete Spektrum nicht scharf begrenzt, sondern zeigte ein deutliches Maximum in dem Spektralgebiet, das Übergängen entsprach, für die in dem Anfangszustand die Relativgeschwindigkeit des freien Elektrons gegen den Kern vor dem „Zusammenstoß" von derselben Größenordnung war, wie die Geschwindigkeit der erregenden positiven Strahlen.

Außer dem Serienspektrum und dem eben betrachteten damit zusammenhängenden kontinuierlichen Spektrum gibt es bekanntlich noch ein anderes Wasserstoffspektrum, das sogenannte Viellinienspektrum; wegen seiner Ähnlichkeit mit den von anderen Elementenkombinationen ausgesandten Bandenspektren wird es allgemein dem Molekül und nicht dem Atom des Wasserstoffs zugeschrieben. Diese Annahme scheint sich auch unmittelbar aus der Auffassung der Quantentheorie zu ergeben, nach der der einfache Bau des Serienspektrums mit dem einfachen periodischen Charakter der Bewegung der Teilchen im Atome zusammenhängt, während man von einem so verwickelten Spektrum wie es das Viellinienspektrum ist, annehmen muß, es entstehe aus einem System, dessen Bewegungen keine so einfachen Periodizitätseigenschaften besitzen. Das Problem, welchen Bau man dem Wasserstoffmolekül nach der Quantentheorie zuzuschreiben hat, und welche Bewegungen für die Teile dieses Systems möglich sind, soll in Teil IV behandelt werden. In diesem Zusammenhang werden wir auch auf das Problem der Dispersion des Lichtes im Wasserstoff eingehen und auf das Problem, welche Spannung nötig ist, um die Linien des Serienspektrums des Wasserstoffs durch eine elektrische Ladung in diesem Gase zu erzeugen.

Teil III.

Über die Spektren der Elemente von höherer Atomnummer[1]).

§ 1. Allgemeine Betrachtungen über den Bau der Serienspektren.

Nach der Rutherfordschen Theorie müssen wir annehmen, daß die Atome aus einer Anzahl von Elektronen bestehen, die sich um einen zentralen Kern von großer Masse und einer positiven Ladung bewegen, gleich der des Wasserstoffkernes, multipliziert mit der „Atomnummer" des betrachteten Elements, d. h. mit der Nummer des Elements im periodischen System. Untersuchen wir die stationären Zustände solcher Systeme, so treffen wir im allgemeinen auf sehr verwickelte Probleme. Indes führt uns die Analogie zwischen den Serienspektren der anderen Elemente und dem des Wasserstoffs von vornherein zu dem Schluß, daß die gewöhnlichen Spektren jener Elemente von Übergängen von einem stationären Zustand zum anderen herrühren, wobei in beiden dieser Zustände eines der Elektronen sich in einem Abstand von dem Kern bewegt, der groß ist, verglichen mit dem Abstand der anderen Elektronen von ihm, so daß dieses äußerste Elektron einer Kraft ausgesetzt ist, die sich nur wenig von der auf das Elektron im Wasserstoffatom wirkenden Kraft unterscheidet[2]). Bei dieser Auffassung gelangt man in der Tat zu einer einfachen Deutung des experimentellen Ergebnisses, daß in den gewöhnlichen Serienspektren der Elemente, den sogenannten „Bogenspektren", die Funktion $f_\tau(n)$ in Formel (2) auf S. 5 in der Form

$$f(n) = \frac{K}{n^2} \varphi_\tau(n) \quad \ldots \ldots \quad (88)$$

---

[1]) Übersetzung eines bisher unveröffentlichten Manuskriptes aus dem Jahre 1918. Vgl. das Vorwort zur Übersetzung.
[2]) N. Bohr, Phil. Mag. **26**, 11 (1913) (Abhandlungen über Atombau, S. 11).

geschrieben werden kann, wo die Konstante K sich mit großer Annäherung gleich der entsprechenden in der Formel (35) für das Wasserstoffspektrum erweist und wo $\varphi_\tau(n)$ eine Funktion ist, die der Einheit zustrebt, wenn n groß wird. Auf diese Weise erhalten wir überdies eine Deutung dafür, daß die Frequenzen der Linien der sogenannten Funkenspektren, die auftreten, wenn die Atome der Elemente einer kondensierten Entladung unterworfen werden, durch eine Formel dargestellt werden können, die sich von den allgemeinen für Bogenspektren geltenden Formeln nur dadurch unterscheidet, daß die Konstante K durch eine viermal so große ersetzt ist[1]). Gerade das haben wir zu erwarten, wenn diese Spektren von Atomen erzeugt werden, die ein Elektron verloren haben, und in denen ein zweites Elektron in eine weite Entfernung vom Kern versetzt und so einer Kraft ausgesetzt ist, die sich nur wenig von der Kraft unterscheidet, die, wie im Heliumatom, von einem einfachen doppelt geladenen Kern ausgehen würde[2]). Aus diesen Gründen werden wir im folgenden die Bogenspektren als Serienspektren der ersten Ordnung, die Funkenspektren als solche der zweiten Ordnung und allgemein als Spektren der n-ten Ordnung solche Spektren bezeichnen, für die die Konstante K durch eine n^2-mal so große ersetzt ist, und die aus Übergängen von einem stationären Zustand zum anderen hervorgehen, wenn in den betreffenden stationären Zuständen das Atom $n-1$ Elektronen verloren hat, und ein n-tes Elektron sich in einer Entfernung vom Kern befindet, die groß ist, verglichen mit der der anderen Elektronen.

Diese einfachen Betrachtungen geben andererseits keine Erklärung für den charakteristischen Unterschied zwischen dem Wasserstoffspektrum und den Serienspektren der anderen Elemente, der darin besteht, daß, während im Wasserstoffspektrum bei Vernachlässigung der Feinstruktur nur eine Funktion $f_\tau(n)$ des Typus (88) auftritt, die $\varphi(n) = 1$ entspricht, in den Spektren der anderen Elemente mehrere solche Funktionen vorkommen. Auf Grund der allgemeinen in den vorstehenden Abschnitten dargelegten Theorie muß indes der Grund offenbar darin gesucht werden, daß in den anderen Elementen die Bewegung des

---

[1]) Siehe A. Fowler, Phil. Trans. Roy. Soc. A. **214**, 225 (1914).
[2]) Vgl. auch N. Bohr, Phil. Mag. **30**, 407 (1915); Abh. über Atombau, Abh. IX, S. 115.

äußeren Elektrons infolge der Wirkung der inneren Elektronen nicht einfach periodisch ist, so daß, wenn ein Zusammenhang mit der gewöhnlichen Strahlungstheorie bestehen soll, das Vorhandensein mehrerer Serien stationärer Zustände erforderlich ist. So erhalten wir, wie Sommerfeld[1]) hervorgehoben hat, einen Anhaltspunkt für die Erklärung der betrachteten Spektren durch seine in Teil I auf S. 22 erwähnte grundlegende Theorie der stationären Zustände eines sich in einem zentralen Kraftfeld bewegenden Teilchens. Während für ein einfach periodisches System die stationären Zustände durch den Wert einer einzigen ganzen Zahl charakterisiert sind, werden sie für dieses System durch zwei solche Zahlen n_1 und n_2 bestimmt, von denen n_1 dazu dient, den Wert eines der radialen Bewegung entsprechenden Integrals vom Typus (15) festzulegen, und n_2 den Wert für den Drehimpuls des Teilchens um das Zentrum zu bestimmen. Vergleichen wir die Wirkung der inneren Elektronen mit der eines Zentralfeldes, dessen Potential durch eine Reihe abnehmender Potenzen des Kernabstandes dargestellt werden kann, und setzen wir $n_1 + n_2 = n$ und $n_2 = \tau$, so ist es, wie Sommerfeld gefunden hat, möglich, Ausdrücke für die Energie in den stationären Zuständen zu finden, die für konstantes τ eine bemerkenswerte allgemeine Ähnlichkeit mit den empirischen Rydberg-Ritzschen Formeln für $f_\tau(n)$ zeigen. Diese Ausdrücke geben außerdem eine einleuchtende Erklärung dafür, daß, von etwaigen Verdopplungen der Linien abgesehen, die empirischen Werte von $\varphi_\tau(n)$ für das Spektrum eines Elementes in einem einfachen Schema der folgenden Form angeordnet werden können:

$$\begin{array}{llll} \varphi_1(1), & \varphi_1(2), & \varphi_1(3), & \varphi_1(4) \ldots \\ & \varphi_2(2), & \varphi_2(3), & \varphi_2(4) \ldots \\ & & \varphi_3(3), & \varphi_3(4) \ldots \\ & & & \varphi_4(4) \ldots \end{array}$$

wo sich $\varphi_\tau(n)$ für konstantes τ und wachsendes n ebensowohl wie für konstantes n und wachsendes τ der Einheit nähert. Wie man sieht, ist von diesem Standpunkt aus die Struktur der Serienspektren der anderen Elemente analog der des Wasserstoffspektrums, unter Berücksichtigung seiner Feinstruktur, und der einzige Unterschied besteht darin, daß für das letztgenannte

---

[1]) A. Sommerfeld, Ber. Akad. München 1915, S. 425; 1916, S. 131.

Spektrum, weil die Elektronenbahn sehr viel weniger von einer periodischen Bahn abweicht, die Funktionen $f_\tau(n)$ Abweichungen zeigen, die viel kleiner sind als die entsprechenden Unterschiede für andere Spektren.

Diese allgemeine Anschauung über den Ursprung der Serienspektren erhält in lehrreicher Weise eine Stütze durch die Betrachtungen in den vorhergehenden Teilen über die Wahrscheinlichkeiten der Übergänge von einem stationären Zustand eines Atomsystems zu einem anderen. So wird die Verschiebung eines in einem zentralen Kraftfeld bewegten Elektrons durch Ausdrücke vom selben Typus dargestellt sein, wie die auf S. 96 durch (73) gegebenen, und wir müssen daher annehmen, daß in diesem System nur solche Übergänge möglich sind, für die sich $n_2 = \tau$ um eine Einheit ändert, oder, was dasselbe ist, für die der Drehimpuls des Elektrons um $\dfrac{h}{2\pi}$ abnimmt oder wächst. Das entspricht dem Umstand, daß die Frequenzen der Linien in allen gewöhnlichen Serien in den sichtbaren Spektren der Elemente durch $v = f_{\tau'}^{(n'')} - f_{\tau'}^{(n')}$ dargestellt werden können, wo sich τ' und τ'' um eine Einheit unterscheiden. So kann im Falle der Bogenspektren der Alkalimetalle die sogenannte Hauptserie durch $v = f_1(1) - f_2(n)$ ($n = 2, 3 \ldots$), die scharfe Nebenserie durch $v = f_2(2) - f_1(n)$ ($n = 2, 3 \ldots$), die diffuse Nebenserie durch $v = f_2(2) - f_3(n)$ ($n = 3, 4 \ldots$), und die Fundamentalserie (Bergmannserie) durch $v = f_3(3) - f_4(n)$ ($n = 4, 5 \ldots$) dargestellt werden.

Ähnliches gilt für die große Zahl der von Fowler in seiner ausführlichen Untersuchung über das Magnesiumfunkenspektrum beobachteten Linien[1]). Abgesehen von der Verdopplung der Linien können die von Fowler mit P, S, D, p, C bezeichneten Kombinationen und die mit s, d, f, A, B bezeichneten Serien in unserer Bezeichnung durch das folgende Schema wiedergegeben werden:

$$P = f_1(1) - f_2(2) \qquad s = f_2(3) - f_1(n) \quad (n = 4, 5 \ldots 7)$$
$$S = f_2(2) - f_1(n) \qquad d = f_2(3) - f_3(n) \quad (n = 4, 5 \ldots 8)$$
$$D = f_2(2) - f_3(3) \qquad f = f_3(3) - f_4(n) \quad (n = 4, 5 \ldots 11)$$
$$p = f_1(2) - f_2(3) \qquad A = f_3(4) - f_4(n) \quad (n = 6, 7 \ldots 12)$$
$$C = f_3(3) - f_2(4) \qquad B = f_4(4) - f_5(n) \quad (n = 6, 7 \ldots 12)$$

---

[1]) A. Fowler, a. a. O.

Der Zusammenhang zwischen den verschiedenen in diesem Schema dargestellten Serien, das offenbar im Einklang mit den obigen Betrachtungen ist, stimmt mit dem von Fowler auf der Grundlage des Kombinationsprinzips gegebenen überein, mit alleiniger Ausnahme der B-Serie, deren Frequenzen nach Fowler in unserer Bezeichnung durch die Kombinationen $f_4(4) - f_4(n)$ gegeben werden sollten. Wäre diese Darstellung richtig, so ergäbe sich ein Widerspruch mit der Regel, daß sich τ um eine Einheit ändern muß, und es ist deshalb wichtig, zu bemerken, daß nach Fowlers Berechnungen die B-Serie die einzige war, für die anscheinend die beobachteten Frequenzen von den aus dem Kombinationsprinzip abgeleiteten Werten Abweichungen zeigten, die die Beobachtungsfehler überstiegen[1]). Die ganze Unstimmigkeit verschwindet indes vollständig auf Grund der obigen Deutung dieser Serie, wenn man eine fünfte Serie stationärer Zustände einführt, deren Vorhandensein nach der allgemeinen Theorie zu erwarten ist, und deren Gesamtenergie man Werte zuschreiben muß, die einer noch weniger als $\varphi_4(n)$ von der Einheit abweichenden Funktion $\varphi_5(n)$ entsprechen.

Die Betrachtungen über die Übergangswahrscheinlichkeiten scheinen nicht nur das Auftreten der beobachteten Serien zu erklären, sondern auch in allgemeiner Übereinstimmung mit den relativen Intensitäten dieser Serien zu stehen. So wissen wir, daß die Amplituden der Kreisschwingungen, in die die Bewegung eines Elektrons in einem zentralen Kraftfeld aufgelöst werden kann, im allgemeinen größer sind, wenn der Drehsinn derselbe ist wie der Umlaufssinn des Elektrons, als wenn er entgegengesetzt ist; diese Tatsache liefert eine einfache Erklärung für die Beobachtung, daß die Serien, für die der Drehimpuls bei den Übergängen abnimmt, im allgemeinen intensiver sind als diejenigen, für die er zunimmt, und wir verstehen, daß gewisse Serien vom letztgenannten Typus, deren Auftreten theoretisch zu erwarten wäre, bisher noch nicht gefunden sind. Für eine ausführliche Erörterung dieser Frage wäre es indessen nötig, zu berücksichtigen, daß für ein Elektron in einem zentralen Feld, die denselben n, aber verschiedenen τ entsprechenden stationären

---

[1]) A. a. O. S. 253.

Zustände nicht a priori gleichwahrscheinlich sind, gerade so, wie dies bei den stationären Zuständen, die der Wasserstoffeinstruktur zuzuordnen sind, der Fall ist.

§ 2. Nähere Betrachtung der Serienspektren einzelner Elemente.

Durch einen Vergleich mit dem von einem Elektron in einem zentralen Kraftfeld zu erwartenden Spektrum können wir so gewisse allgemeine Züge der Serienspektren von Elementen höherer Atomnummer erklären. Wir können indes nicht erwarten, daß es auf diese Weise möglich ist, die Spektren der Elemente in allen Einzelheiten zu erklären; darauf weist schon der verwickelte Bau (Dubletts, Tripletts Satelliten usw.) der Linien vieler Spektren hin. Bei einer ausführlichen Erörterung dieser Spektren scheint es notwendig, den gegenseitigen störenden Einfluß der Bahnen der inneren Elektronen und des äußeren zu berücksichtigen.

Im allgemeinen stellt dies ein sehr schwieriges Problem dar, da schon bei Abwesenheit des äußeren Elektrons das System der inneren Elektronen im allgemeinen kleinen Verrückungen gegenüber instabil sein wird, wenn die Wirkung solcher Verrückungen mit Hilfe der gewöhnlichen Mechanik berechnet wird. Im Falle des Heliums indes, wo das neutrale Atom nur zwei Elektronen enthält, verhält es sich damit anders, da die Bewegung des inneren Elektrons mechanisch stabil für jede Gestalt oder Lage seiner Bahn sein wird, wenn das äußere Elektron in eine unendliche Entfernung vom Kerne versetzt wird. Gerade in dieser Eigenschaft des Heliumatoms kann man eine Erklärung dafür suchen, daß das Helium außer seinem im vorigen Abschnitt erwähnten einfachen Funkenspektrum zwei vollständige Serienspektren erster Ordnung, das sogenannte Orthohelium- und Parheliumspektrum besitzt, für die keine gegenseitigen Kombinationslinien beobachtet werden. Das steht offenbar in einem auffallenden Gegensatz zu dem, was wir für das Spektrum eines einfachen zentralen Systems erwarten sollten und muß dem Vorhandensein zweier verschiedener Scharen stationärer Zustände des neutralen Heliumatoms, die zwei verschiedenen Bewegungstypen des inneren Elektrons entsprechen, zugeschrieben werden. Dieses Problem wird in einer späteren Arbeit erörtert werden, die sich auf eine ausführliche in Gemeinschaft mit Herrn H. A. Kramers unternommene Untersuchung der wechselseitigen Bahnstörungen der beiden Elektronen im Heliumatom gründet; es wird gezeigt werden, daß es unter der Annahme komplanarer Bewegung der beiden Elektronen möglich scheint, zu einer Deutung der beiden Heliumspektren mit Hilfe von Betrachtungen derselben Art wie die im vorigen Teile angestellten zu gelangen.

Im Falle des Lithiums, dessen neutrales Atom drei Elektronen enthält, wird nur ein Serienspektrum der ersten Ordnung beobachtet. In diesem Falle können wir annehmen, daß, wenn eines der Elektronen entfernt ist, die beiden anderen Elektronen sich in derselben Kreisbahn um den Kern bewegen, jedes mit einem Drehimpuls $\frac{h}{2\pi}$ wie in dem Normalzustand des Heliumatoms. Sehen wir von der mechanischen Instabilität dieses Systems ab, so bietet sich die Annahme von selbst dar, daß wegen der im Vergleich mit der Umdrehungsfrequenz des äußeren Elektrons großen Umdrehungsfrequenz der inneren Elektronen die Wirkung dieser auf jenes mit einer großen Annäherung in jedem Augenblick dieselbe sein wird wie die einer gleichmäßig über einen Kreis verteilten Ladung $-2e$, dessen Radius gleich dem der Bahn der inneren Elektronen bei Abwesenheit des äußeren Elektrons ist. Würden wir daher außerdem annehmen, daß das äußere Elektron sich in derselben Ebene wie das innere bewegt, so würden wir es mit einem Fall zu tun haben, der mit Hilfe der einfachen Theorie zentraler Systeme zu behandeln wäre. Diese Annahmen wurden von Sommerfeld[1]) einem Versuche zugrunde gelegt, das Lithiumspektrum zu erklären. Aber abgesehen von der bemerkenswerten oben erwähnten allgemeinen Ähnlichkeit mit den Rydberg-Ritzschen Formeln ließ sich für keine Wahl des Bahnradius der inneren Elektronen eine genauere Übereinstimmung mit den Beobachtungen erhalten. So ergibt die Rechnung, daß für jeden Wert dieses Radius $\varphi_\tau(n)$ kleiner als die Einheit für alle Werte von τ sein sollte, während die beobachteten Werte von $\varphi_\tau(n)$ ein wenig größer als die Einheit sind, außer für $\tau = 1$. Für den letztgenannten Wert von τ unterscheiden sich die beob-

---

[1]) A. Sommerfeld, Ber. Akad., München 1916, S. 160.

achteten Werte von $\varphi_r(n)$ sehr beträchtlich von der Einheit und würden zu ihrer Erklärung nach der Sommerfeldschen Rechnung einen Wert für den inneren Bahnradius erfordern, der weit größer wäre als der, welcher der oben erwähnten Annahme über den Drehimpuls der inneren Elektronen entspräche. Diese Schwierigkeiten könnten durch die mechanische Instabilität des inneren Systems hervorgerufen sein, das zu beträchtlichen Störungen der inneren Elektronenbahnen führen könnte, besonders in dem Falle $\tau = 1$, wo das äußere Elektron während seiner Bewegung diesen Bahnen sehr nahe kommt. Eine mögliche Erklärung könnte auch, wie von Sommerfeld bemerkt, in der Annahme gefunden werden, daß sich das äußere Elektron nicht in derselben Ebene wie die inneren bewegte. In diesem Falle zeigt eine einfache Rechnung, daß das äußere Elektron einen beträchtlichen störenden Einfluß auf die Bahn der inneren Elektronen haben würde, indem es stetig ihre Ebene veränderte. Zur Festlegung der stationären Zustände für Bewegungen von diesen Typen würden indes die in den obigen Abschnitten erörterten Prinzipien offenbar nicht ausreichen.

Im Gegensatz zu dem Fall des Heliums sind bisher keine Lithiumspektren von höheren Ordnungen beobachtet. Man kann dies auf Grund der Annahme verstehen, die durch Beobachtungen über die Absorption in Alkalidämpfen gestützt wird, daß im Normalzustand des Lithiumatoms eines der Elektronen sich in einer Bahn außerhalb der beiden anderen bewegt, und daß daher dieses Elektron weit leichter aus dem Atom zu entfernen ist als die beiden anderen. Unter der Einwirkung einer hinreichend starken Entladung indessen müssen wir erwarten, zwei getrennte Serienspektren von der zweiten Ordnung und eines von der dritten zu beobachten. Die ersten beiden Spektren werden stationären Anfangs- und Endzuständen entsprechen, in denen ein Elektron entfernt ist, und in denen ein zweites sich in einer Entfernung vom Kern bewegt, die groß ist, verglichen mit dem Kernabstand des dritten.

Von diesen Spektren wird man daher erwarten, daß sie eine enge Verwandtschaft zu den beiden Serienspektren erster Ordnung des Heliums zeigen. Das Lithiumspektrum der dritten Ordnung wird von Atomen ausgehen, die nur ein einziges Elektron enthalten; es wird daher ganz analog dem Wasserstoffspektrum sein und durch die Formel (35) dargestellt werden, wo K durch $9\,K$ zu ersetzen ist[1]).

Wenn wir darauf zu Beryllium übergehen, das das vierte Element im periodischen System ist, und dessen neutrales Atom daher vier Elektronen besitzt, so dürfen wir erwarten, daß in dem Normalzustand des Atoms zwei Elektronen sich in Bahnen außerhalb der beiden anderen bewegen. Für das Berylliumspektrum liegen keine ins einzelne gehenden Untersuchungen vor. Aber nach den Beobachtungen über das Spektrum des Magnesiums, das das nächste Element in der Be-Gruppe des periodischen Systems ist, werden wir erwarten, daß Be ein Serienspektrum der ersten Ordnung von einem neuen Typus besitzt, der verschieden von dem Typus der Helium- und Lithiumspektren erster Ordnung ist. Man kann annehmen, daß in den Anfangs- und Endbahnen, die zu diesem Spektrum gehören, sich ein Elektron in Abständen vom Kern bewegt, die groß sind gegen die der drei inneren Elektronen, von denen wieder das eine sich in einer Bahn außerhalb der beiden anderen bewegt. Der wesentliche Unterschied zwischen dem betrachteten Spektrum und dem Heliumspektrum erster Ordnung kann dadurch erklärt werden, daß das äußerste der inneren Elektronen im Berylliumatom sich in einem Felde bewegt, das sich beträchtlich von dem eines einzigen Kernes von doppelter Ladung unterscheidet, und daß daher seine Bahn unter dem Einfluß des äußeren Elektrons nicht Störungen von derselben Größenordnung erleidet, wie das innere Elektron im Heliumatom. Bei einer Entladung von größerer Intensität wird man ferner erwarten, daß Beryllium ein Spektrum zweiter Ordnung vom selben Typus zeigen wird, wie das erster Ordnung des Lithiums. Diese Erwartung findet in bemerkenswerter Weise eine Stütze in der engen Verwandtschaft zwischen dem Bau des oben erwähnten Magnesiumfunkenspektrums mit den gewöhnlichen Bogenspektren der Alkalimetalle. Ferner müssen wir annehmen, daß Beryllium unter der Einwirkung einer genügend starken Entladung zwei getrennte Serienspektren dritter Ordnung und eines vierter Ordnung zeigt. Von diesen Spektren werden die beiden erstgenannten analog dem Heliumspektrum erster Ordnung sein, während das letztgenannte von demselben Typus wie das Wasserstoffspektrum sein wird.

---

[1]) Vgl. Phil. Mag. **26**, 490 (1913) (Abh. über Atombau, S. 39).

In derselben Weise können wir zu Elementen von höheren Atomnummern fortschreiten. Für jedes neue Element werden wir erwarten, daß ein Spektrum erster Ordnung von neuem Typus zusammen mit Spektren von denselben Typen wie die der vorhergehenden Elemente, aber von höheren Ordnungen auftreten wird. In diesem Zusammenhang haben wir zu bemerken, daß die bekannte oben berührte Ähnlichkeit zwischen den Spektren von niedrigeren Ordnungen der verschiedenen Elemente in derselben Gruppe des periodischen Systems der ähnlichen Anordnung der äußeren Elektronen im Atom zuzuschreiben ist, auf die die allgemeine Ähnlichkeit der physikalischen und chemischen Eigenschaften deutet. Wir haben indes nicht nur zu erwarten, daß das Wachsen der Anzahl der inneren Elektronen im Atom mit wachsendem Atomgewicht der Elemente innerhalb jeder Gruppe eine allmähliche Verschiebung der Linien ihrer Spektren hervorbringt, besonders wegen der Wirkung der äußersten unter den inneren Elektronen, sondern es ist auch wahrscheinlich, daß die Anwesenheit der inneren Elektronen in einer unmittelbareren Weise für die mit wachsendem Atomgewicht rasch zunehmende Trennung der Linienkomponenten (Dubletts, Tripletts usw.) verantwortlich zu machen ist.

Selbst wenn wir im einzelnen nicht die Wirkung der inneren Elektronen auf das äußere durch einen Vergleich mit einem einzelnen Elektron in einem festen zentralen Kraftfeld erklären können, dürfen wir doch erwarten, daß die obigen allgemeinen Betrachtungen über das Auftreten der verschiedenen Serien und ihre Intensitäten zu Recht bestehen werden. Wir können nämlich annehmen, daß wegen des zentralen Charakters des Atoms die Bewegung des äußeren Elektrons in ähnlicher Weise in eine Anzahl harmonischer Schwingungen aufgelöst werden kann, wie die Bewegung eines Elektrons in einem einfachen zentralen Felde. Überdies ist zu beachten, daß die Betrachtungen auf S. 47 über die Änderung des Drehimpulses bei Übergängen ganz unabhängig von der Zahl der bewegten Teilchen sind, wenn nur das Feld, in dem sie sich bewegen, eine Symmetrieachse besitzt.

§ 3. Die Wirkung elektrischer Felder auf Serienspektren.

Die allgemeine Analogie der betrachteten Spektren mit dem Spektrum, das man für ein in einem zentralen Kraftfeld rotierendes

Elektron erwarten muß, wird auch in sehr lehrreicher Weise durch die Wirkung elektrischer Felder auf diese Spektren deutlich, die kürzlich von Stark[1]) für eine große Anzahl von Elementen untersucht worden ist. Im Falle eines einfachen zentralen Systems werden wir erwarten, daß die Wirkung des Feldes teils in dem Auftreten neuer Spektrallinien besteht, deren Intensitäten mit dem elektrischen Feld wachsen, teils in der Aufspaltung der verschiedenen Linien in eine Anzahl von Komponenten, die zu der Richtung der elektrischen Kraft parallel und senkrecht polarisiert sind, geradeso wie in dem in Teil II, § 4, S. 111 betrachteten Problem der Wirkung eines äußeren elektrischen Feldes auf die Feinstruktur der Wasserstofflinien. Für ein gegebenes Feld werden diese Wirkungen um so kleiner sein, je mehr die Bahn des betreffenden Elektrons in den stationären Anfangs- und Endzuständen, die zu den Übergängen gehören, von einer rein periodischen Bahn abweicht. Nun kann bei den Spektren der Elemente ein Maß für diese Abweichungen in den Abweichungen von der Einheit der Werte der durch (88) definierten Funktion $\varphi_\tau(n)$ gefunden werden. Für die meisten Spektren sind diese Abweichungen für kleine Werte von τ und n beträchtlich, und in Übereinstimmung damit fand Stark, daß für die Mehrzahl der Elemente die Wirkung auf ihre Spektren bei den von ihm verwandten elektrischen Feldintensitäten außerordentlich klein oder unmerklich war[2]). Im Falle indes der Elemente von den kleinsten Atomnummern, nämlich Helium und Lithium, sind die Abweichungen der Funktionen $\varphi_\tau(n)$ von der Einheit viel kleiner, da $|\varphi_\tau(n)-1|$ bereits für $\tau=3$ von derselben Größenordnung wie 0,001 ist, und gerade für diese Elemente hat Stark beträchtliche Abweichungen gefunden, die von sehr interessanter Natur sind.

Vor allem wurde bei Anwesenheit des Feldes das Auftreten einer Anzahl neuer getrennter Linien beobachtet, die nicht zu den gewöhnlichen Serien gehörten. Diese Linien entsprechen den Serien $\nu = f_2(2) - f_2(n)$, $n = 4, 5\ldots$ im Orthohelium-[3]) und Lithiumspektrum[4]). Bei dem gleichen Feld waren die

---

[1]) Siehe J. Stark, Elektr. Spektralanalyse chemischer Atome. Leipzig 1914.
[2]) Vgl. Phil. Mag. **30**, 408 (1915), (Abh. über Atombau, S. 116).
[3]) J. Koch, Ann. d. Phys. **48**, 98 (1915).
[4]) J. Stark, Ann. d. Phys. **48**, 210 (1915).

neuen Lithiumlinien intensiver als die neuen Orthoheliumlinien, in Übereinstimmung damit, daß die Werte der Funktion $\varphi_2(n)$ weniger von der Einheit für das Lithiumspektrum als für das Orthoheliumspektrum abweichen. Wie auf Grund eines Vergleiches mit der Wirkung eines elektrischen Feldes auf ein in einem zentralen Kraftfeld rotierendes Elektron zu erwarten war, wurde ferner beobachtet, daß die neuen Linien eine charakteristische Polarisation in bezug auf die Richtung der elektrischen Kraft zeigten und sich bei wachsender Feldintensität verschoben. In Übereinstimmung mit der Theorie waren die beobachteten Verschiebungen für kleinere Felder dem Quadrat der elektrischen Feldstärke proportional, während sie für größere Felder allmählich der ersten Potenz der Feldstärke proportional wurden. Für das Parheliumspektrum unterscheidet sich $\varphi_2(n)$ noch weniger von der Einheit als für das Lithiumspektrum, und wir sollten daher in diesem Spektrum das Auftreten neuer Linien der erwähnten Serien von noch größeren Intensitäten als in den anderen betrachteten Spektren erwarten. Diese Linien werden von Stark nicht als selbständige Linien aufgeführt, aber weil in diesem Falle die Linien der neuen Serien und die der gewöhnlichen diffusen Serie nahe zusammenfallen, so erscheinen jene als Komponenten in den komplizierten Effekten, die Stark als die elektrische „Auflösung" der Linien der diffusen Serie beschrieben hat. Das wird sehr klar erwiesen durch einige kürzlich von H. Nyquist[1]) veröffentlichte Messungen der Wirkung elektrischer Felder auf das Heliumspektrum. Nyquist bediente sich der Lo Surdoschen Methode, die gestattet, auf derselben Photographie die auf die Linien ausgeübte Wirkung von elektrischen Feldern von stetig sich ändernden Intensitäten zur Darstellung zu bringen. Außer von Komponenten die durch stetige Verschiebung aus den ursprünglichen Linien entstehen, zeigen Nyquists Photographien, daß die erwähnten Auflösungen der zwei diffusen Heliumserien Komponenten enthalten, deren Intensität für verschwindendes Feld verschwindet und die für abnehmende Feldstärke gegen Lagen in einer bestimmten endlichen Entfernung von der Ursprungslinie konvergieren. Im Falle des Parheliumspektrums entsprechen diese Lagen vor allem

---

[1]) H. Nyquist, Phys. Rev. **10**, 226 (1917).

den Linien $\nu = f_2(2) - f_2(n)$, aber außer diesen Linien erscheinen deutlich in den niedrigeren Gliedern der diffusen Serien der beiden Heliumspektren Komponenten, deren Lagen für abnehmendes Feld gegen die durch $\nu = f_2(2) - f_4(n)$, $n = 4, 5 \ldots$ gegebenen Linien konvergieren. Was Starks Beobachtungen über die im elektrischen Feld stattfindenden „Auflösungen" der höheren Glieder ($n = 5, 6 \ldots$) der diffusen Serien im Lithiumspektrum und den beiden Heliumspektren betrifft, so müssen wir erwarten, daß für sehr kleine Felder außer den oben erwähnten neuen Linien noch eine Anzahl neuer Linien, die $\nu = f_2(2) - f_\tau(n)$ entsprechen, auftreten, wo $\tau > 4$ ist. Während den in Teil I, S. 50, angestellten Betrachtungen entsprechend die neuen Linien, für die $\tau'' - \tau'$ entweder 2 oder 0 ist, für kleine Felder Intensitäten zeigen, die proportional dem Quadrate der elektrischen Feldstärke sind, so müssen wir erwarten, daß die Intensitäten der letztgenannten neuen Linien, die größeren Werten von $\tau'' - \tau'$ entsprechen, mit höheren Potenzen dieser Kraft proportional wachsen werden. Entsprechend den außerordentlich geringen Abweichungen von der Einheit, die die Werte von $\varphi_\tau(n)$ für solche Werte von τ zeigen, können wir indes annehmen, daß schon bei elektrischen Kräften, die gegen die von Stark angewandten klein sind, die Bahnen in den entsprechenden stationären Zuständen in ungefähr derselben Weise gestört werden, wie eine Elektronenbahn im Wasserstoffatom. Dies erklärt, daß bei den angewandten Feldern die relativen Intensitäten angenähert konstant bleiben, während sich zeigte, daß ihre Verrückungen nahezu linear mit der elektrischen Kraft wachsen, wie das für den Fall der im vorigen Teile besprochenen Starkeffekt-Komponenten der Wasserstofflinien zutraf.

Zwar kann man in großen Zügen eine Erklärung für die Wirkungen elektrischer Felder auf die Spektren der Elemente von höherer Atomnummer, was das Auftreten neuer Linien betrifft, dadurch erlangen, daß man einen Vergleich anstellt mit der zu erwartenden Wirkung auf ein von einem Elektron in einem Zentralfeld erzeugten Spektrum; indes erfordert die ausführliche Untersuchung der Verrückung und Aufspaltung der Komponenten bei wachsendem Feld eine ausführliche Betrachtung der Störungen der Bahnen der inneren Elektronen während der

Störungen der Bahn des äußeren Elektrons durch das äußere Feld. Dieses Problem wird bei einer späteren Gelegenheit im Zusammenhang mit den oben erwähnten Berechnungen über das Heliumspektrum erörtert werden.

§ 4. Die Wirkung magnetischer Felder auf Serienspektren.

Gehen wir nun zu der Wirkung eines äußeren magnetischen Feldes auf die Spektren der Elemente von höherer Atomnummer über. Zunächst würde die Annahme natürlich erscheinen, daß gerade wie im Falle des Wasserstoffs bei Anwesenheit eines magnetischen Feldes die Bewegung im Atom in einem stationären Zustand sich von der ohne Feld in einem stationären Zustand stattfindenden Bewegung nur unterscheide durch eine überlagerte gleichförmige Drehung von der durch (79) gegebenen Frequenz v_H um eine durch den Kern parallel der magnetischen Kraft gelegte Achse. Wenden wir ferner die allgemeinen in Teil II, § 2 angestellten Betrachtungen über die Beziehungen zwischen der Energie und den Frequenzen eines Atomsystems an, so sollten wir schließen, daß die von der Anwesenheit des Feldes herrührende Zusatzenergie des Systems wieder durch die Formel (87) gegeben wäre; und gingen wir dann, wie in Teil II, § 5 vor, so sollten wir erwarten, daß die Wirkung des Feldes auf das Spektrum auch für die betrachteten Spektren in der Aufspaltung jeder Linie in ein normales Zeeman-Triplett bestände. Bekanntlich stimmt das im allgemeinen nicht mit den Beobachtungen überein. Zwar sind in gewissen Fällen, z. B. für Helium und Lithium, deren Spektren aus Einzellinien oder sehr engen Dubletts bestehen, die beobachteten Auflösungen mit einer großen Annäherung dieselben wie im Wasserstoff, aber wir finden viel verwickeltere Wirkungen, wenn wir z. B. zu den Spektren der Alkalimetalle von höheren Atomnummern übergehen, deren Linien aus Dubletts von beträchtlicher Breite bestehen. Bei Anwesenheit eines magnetischen Feldes wird jedes Glied dieser Dubletts in eine große Zahl von Komponenten aufgelöst, deren Verschiebungen der magnetischen Kraft proportional sind, aber verschieden für die zwei Glieder des Dubletts. Für größere Felder, wenn die Verschiebungen der Komponenten dieser Aufspaltungen von derselben Größenordnung wie die ursprüngliche Breite des Dubletts werden, ändern sich, wie

Paschen und Back[1]) gezeigt haben, diese Auflösungen allmählich, bis für sehr große Felder alle Komponenten beider Glieder in ein normales Zeeman-Triplett zusammenfließen. Diese Wirkungen, die offenbar einen engen Zusammenhang zu dem unbekannten Mechanismus besitzen, der für die Verdopplung der Linien verantwortlich zu machen ist, können natürlich nicht auf der Grundlage der oben erwähnten allgemeinen Betrachtungen erklärt werden. Wahrscheinlich hängen jedoch die Schwierigkeiten, die Werte der Zusatzenergie zu erklären, die bei Anwesenheit eines magnetischen Feldes auf Grund der Gleichung (1) von den anomalen Effekten Rechenschaft geben würden, mit der in der Fußnote auf S. 115 erwähnten Tatsache zusammen, daß im Normalzustand des Atoms, wie die Abwesenheit des Paramagnetismus zeigt, das Verhalten der inneren Elektronen nicht durch die erwähnten einfachen Betrachtungen bestimmt werden kann.

---

[1]) F. Paschen und E. Back, Ann. d. Phys. **39**, 897 (1912).

Nachtrag zum III. Teil[1]).

Zu § 1. Das in diesem Paragraphen behandelte Problem bietet eine einfache Anwendung des im ersten Teile entwickelten Gesichtspunktes dar, der als eine formale Verbindung oder Analogie zwischen der Quantentheorie und der klassischen elektrodynamischen Theorie der Strahlung bezeichnet wurde. Um nicht den Anschein zu erwecken, daß es sich etwa um eine direkte Annäherung zwischen der Beschreibung der Vorgänge nach der Quantentheorie und nach der klassischen Elektrodynamik handeln sollte, ist in späteren Abhandlungen des Verfassers (vgl. Aufsatz II) die Gesetzmäßigkeit, die in dieser Analogie zutage tritt, als „Korrespondenzprinzip" bezeichnet. Es handelt sich ja um einen rein quantentheoretischen Satz, der sich direkt an die Formulierung der Grundprinzipien der Quantentheorie anschließt. Dieser behauptet das Bestehen einer Verbindung zwischen der Möglichkeit eines jeden von Strahlung begleiteten Überganges zwischen zwei stationären Zuständen und dem Auftreten in der Bewegung von einer gewissen harmonischen Schwingungskomponente, die als die mit dem Übergang korrespondierende Schwingung bezeichnet werden kann. Die im betrachteten Paragraphen gegebene Anwendung des Korrespondenzprinzips auf die Theorie der Serienspektren ist in ihren Hauptzügen schon in Teil I, S. 46 bis 50 angedeutet, und besonders in Teil II, S. 97 bis 99 bei der Diskussion des analogen Problems der Feinstruktur der Wasserstofflinien benutzt.

Von formal ähnlichen Gesichtspunkten aus sind inzwischen die Gesetze der Serienspektren in einer Abhandlung

---

[1]) Vgl. das Vorwort zu dieser Übersetzung. Im folgenden werden die drei in diesem Vorwort erwähnten Vorträge [Drei Aufsätze über Spektren und Atombau. Sammlung Vieweg (1922)] der Kürze halber als Aufsatz I, II und III zitiert.

von Sommerfeld und Kossel¹) und besonders ausführlich im sechsten Kapitel von Sommerfelds Buch „Atombau und Spektrallinien" behandelt worden. Wie man in der letzten Auflage dieses Buches dargelegt findet, hat Roschdestwensky schon vor einiger Zeit auf die von der Quantentheorie geforderten, auf S. 151 des Textes erwähnten, kleinen Abänderungen in dem von Fowler angegebenen Kombinationsschema des Funkenspektrums des Magnesiums aufmerksam gemacht. Dieser Verfasser hat in den letzten Jahren in einer Reihe von Arbeiten²) die quantentheoretische Klassifikation des experimentellen Materials der Serienspektren diskutiert und ist durch ein Studium der empirischen Gesetzmäßigkeiten zu der Auffassung gelangt, daß die Festsetzung der Hauptquantenzahl in der scharfen Serie der Alkalimetalle dahin zu verändern ist, daß im ersten Glied $n = 2$ statt $n = 1$ zu setzen ist. Zu derselben Auffassung ist Schrödinger gelangt durch die Annahme, daß man es in den den S-Termen des Natriumspektrums entsprechenden stationären Zuständen mit einer Bewegung des Serienelektrons zu tun hat, wobei dieses während jedes Umlaufs in das Gebiet der inneren Elektronenbahnen eintaucht³), und daß deshalb die Quantenzahl n in keinem dieser Zustände kleiner als 2 sein kann. Auf die Bedeutung dieses Umstandes wurde gleichzeitig vom Verfasser in Verbindung mit den in der Note zum nächsten Paragraphen besprochenen allgemeinen Betrachtungen über den Aufbau und die Stabilität der Atome hingewiesen⁴). Wie im Aufsatz III näher ausgeführt ist, führen diese Betrachtungen zu der Annahme, daß eine durchgreifende Abänderung der in der Klassifikation der Spektralterme auftretenden Hauptquantenzahl n vorzunehmen ist. Während aus der im Text gegebenen Anwendung des Korrespondenzprinzips erhellt, daß die Werte der mit τ bezeichneten Quantenzahl unverändert beizubehalten sind, ist gezeigt worden, daß z. B. in den Spektren der Alkalimetalle die in dem Schema auf S. 146 gegebenen Werte für die

---

[1]) W. Kossel und A. Sommerfeld, Verh. d. Deutsch. Phys. Ges. **21**, 240 (1919).
[2]) D. S. Roschdestwensky, Verhandlungen des optischen Instituts in Petrograd (Berlin).
[3]) E. Schrödinger, Zeitschr. f. Phys. **4**, 347 (1921).
[4]) Vgl. N. Bohr, Nature **107**, 104 und **108**, 208 (1921).

Hauptquantenzahl n nur für die Terme, die einem $\tau \geqq 3$ entsprechen, aufrecht erhalten werden können. Der erste S-Term in diesen Spektren entspricht jedoch einer Bahn des Serienelektrons, deren Hauptquantenzahl um eine Einheit wächst, wenn man im periodischen System zur nächsten Elementengruppe fortschreitet. So haben wir für diese Bahn im Lithium $n = 2$, im Natrium $n = 3$ usw. Eine entsprechende Änderung ist auch in den Hauptquantenzahlen, die in diesen Spektren den P-Termen zuzuordnen ist, vorzunehmen. Während, wie in dem Schema auf S. 147, im Lithium der erste P-Term mit $n = 2$ zu bezeichnen ist, entspricht dieser Term beim Natrium $n = 3$, beim Kalium $n = 4$ usw.

Zu § 2. Die in diesem Paragraphen gegebenen Betrachtungen können nicht in den Einzelheiten beim jetzigen Stand der Atomforschung aufrecht erhalten werden und sind besonders dazu geeignet, die in dem Vorwort zu dieser Übersetzung erwähnten Schwierigkeiten zu beleuchten. Dies bezieht sich insbesondere auf die Bemerkungen über die Stabilität der Elektronenbahnen in den Atomen. Jedoch wird man finden, daß gewisse allgemeine Aussagen über die Änderung der Serienspektren verschiedener Ordnung mit steigender Atomnummer das Wesen der Sache treffen. So wird man sehen, daß die auf diesen Punkt hinzielenden Bemerkungen inhaltlich äquivalent sind mit den von Sommerfeld und Kossel in der oben erwähnten Abhandlung als „spektroskopischer Verschiebungssatz" bezeichneten Gesetzmäßigkeiten, die sich für die Klassifikation der Spektren als so fruchtbar erwiesen haben, wie im Sommerfeldschen Buche dargelegt ist. Schon in dieser Frage haben jedoch die neueren Untersuchungen über Atomstruktur zu dem Schluß geführt, daß Abweichungen von den in Rede stehenden Gesetzen in den späteren Perioden des periodischen Systems zu erwarten sind, da wir es hier bei anwachsender Atomnummer nicht nur mit einer Wiederholung der Konfiguration des inneren Elektronensystems mit der gleichen Zahl von Elektronen zu tun haben, sondern, wie im Aufsatz III dargelegt, in gewissen Fällen einer Übergangsstufe der Entwicklung der inneren Elektronengruppen begegnen. Solche geradweisen Entwicklungen sind bestimmend für das Erscheinen von Familien von Elementen wie die der Eisenmetalle und der seltenen Erden. Charakteristische Beispiele der Wirkung einer Entwicklung dieser Art auf die Struktur der Spektren sind in einer neuen wichtigen Arbeit von Catalán[1]) über die Serienspektren des Mangans gefunden worden.

Was die Diskussion der einzelnen Spektren betrifft, sind schon für das Helium die Aussagen in wesentlichen Punkten zu ändern. Wenn man auch daran festhalten muß, daß die Sonderstellung des Heliumspektrums erster Ordnung darauf beruht, daß im Heliumatom die Bahn des inneren Elektrons wegen ihres nahezu rein periodischen Charakters in einer viel mehr durchgreifenden Weise durch die vom äußeren Elektron herrührenden Kräfte beeinflußt wird, als das innere System anderer Atome bei der Aussendung der zugehörigen Serienspektren, sind jedoch die hier gegebenen Andeutungen sowohl über den Ursprung des Parheliumspektrums als auch über den Normalzustand des Atoms grundsätzlich zu ändern. Was den ersten Punkt angeht, hat Landé[2]) das Heliumspektrum in zwei Abhandlungen untersucht, in welchen er zu der Annahme gelangt, daß nur das Orthohelium stationären Zuständen zuzuschreiben ist, in denen die zwei Elektronen in einer und derselben Ebene sich bewegen, daß es sich aber beim Parhelium um Zustände handelt, in denen die Bahnebenen einen Winkel miteinander bilden. Wenn auch die Diskussion der gegenseitigen Störungen von Landé nicht einwandfrei durchgeführt ist, so hat doch die Weiterführung der Arbeit durch Kramers und den Verfasser ergeben, daß diesem Hauptresultat wesentlich beizustimmen ist. Über die Einzelheiten unserer Rechnungen, deren Publikation bisher infolge verschiedener Umstände aufgeschoben wurde, hoffen wir in nächster Zeit zu berichten.

Was den Normalzustand des Heliumatoms anbelangt, haben die seither erschienenen experimentellen Untersuchungen von Franck und seinen Mitarbeitern[3]) eindeutig ergeben, daß dieser Zustand nicht, wie im Texte angenommen, eine einfache Ringkonfiguration sein kann und überhaupt nicht den komplanaren Orthoheliumzuständen angehört, sondern als der Endzustand

---

[1]) M. A. Catalán, Phil. Trans. Roy. Soc., A, **223**, 127—173 (1922).
[2]) A. Landé, Phys. Zeitschr. **20**, 228 (1919) u. **21**, 114 (1920).
[3]) Franck und Reiche, Zeitschr. f. Phys. **1**, 154 (1920); Franck und Knipping, ebenda, S. 320.

des der Aussendung des Parheliumspektrums entsprechenden Bindungsprozesses angesehen werden muß. Auf diesen Punkt scheint es in neuester Zeit möglich, mittels des Korrespondenzprinzips Licht zu werfen, und zwar so, daß dadurch ein Anhaltspunkt für das Verständnis der Stabilität des Atombaus überhaupt gegeben zu sein scheint. Hierüber ist eingehend im Aufsatz III berichtet, wo gezeigt wurde, daß auf der gewöhnlichen Mechanik fußende Betrachtungen zur Diskussion dieser Stabilität nicht ausreichen und wo wir zu einer Auffassung vom Atombau geführt wurden, nach der die Symmetrie der Elektronenbahnen von der Symmetrie in den früher angenommenen einfachen Ringkonfigurationen wesentlich abweicht. Aus den an dieser Stelle gegebenen Überlegungen wird man auch entnehmen, daß die Betrachtungen über das Lithiumspektrum und die Spektren anderer Atome wesentlich zu ändern sind.

Was endlich die am Ende des Paragraphen berührte Frage nach der Entstehung der Komplexstruktur der Serienlinien betrifft, so ist durch Untersuchungen der letzten Jahre, besonders von Sommerfeld und Landé[1]), klar geworden, daß wir es hier mit dem Auftreten einer dritten Quantenbedingung bei der Festlegung der Bahn des äußeren Elektrons zu tun haben. Dies ist einfach dadurch zu erklären, daß das Feld, in dem das Serienelektron sich bewegt, von einem zentralsymmetrischen abweicht und entspricht der Festlegung der stationären Zustände eines Wasserstoffatoms in einem axialsymmetrischen äußeren Felde (vgl. Teil II, S. 56), von dem wir charakteristischen Beispielen begegnet sind im Falle eines Wasserstoffatoms in einem homogenen äußeren elektrischen oder magnetischen Felde, wenn die Relativitätsmodifikationen der Bewegungsgleichungen in Betracht genommen werden (vgl. S. 98 und 113). Durch die Einführung der dritten Quantenbedingung ist die Bahnebene des Serienelektrons relativ zur Achse des inneren Systems dadurch festgelegt, daß das Impulsmoment des ganzen Atoms gleich $\mu \frac{h}{2\pi}$ ist, wo μ eine ganze Zahl ist, die dritte Quantenzahl, die zusammen mit den Quantenzahlen n und τ den Bewegungszustand des Serien-

---

[1]) A. Sommerfeld, Ann. d. Phys. **63**, 221, (1920); A. Landé, Zeitschr. f. Phys. **5**, 231 (1921).

elektrons vollkommen bestimmt. Durch diesen Umstand ist es möglich, derartige Überlegungen über die Erhaltung des Impulsmomentes während der Strahlungsprozesse, wie sie im ersten Teil S. 47 u. 48 angedeutet und gleichzeitig und unabhängig von Rubinowicz entwickelt wurden, zu benutzen, um die Übergangsmöglichkeiten einzuschränken (vgl. Teil II, Note auf S. 84). So können wir schließen, daß bei einem Übergang das gesamte Impulsmoment des Atoms konstant bleiben oder um $\dfrac{h}{2\pi}$ zu- oder abnehmen muß. Diese Einschränkung in den Änderungsmöglichkeiten der Quantenzahl μ, die die Anzahl der Komponenten der Komplexstruktur der Serienlinien bestimmt, folgt auch direkt aus dem Korrespondenzprinzip, entsprechend den Überlegungen in Teil I, S. 47 u. Teil II, S. 84. Es mag aber in diesem Zusammenhang hervorgehoben werden, daß die Einschränkung in der Änderungsmöglichkeit der Quantenzahl τ, die bestimmend ist für die bemerkenswerte Beschränkung im allgemeinen Kombinationsprinzip der Spektrallinien, wie sie in der charakteristischen, in § 1 behandelten Struktur der Serienspektren zutage tritt, nicht aus Überlegungen über die Erhaltung des Impulsmomentes herzuleiten ist, sondern nur als eine charakteristische Folgerung des Korrespondenzprinzips angesehen werden kann. Im Gegensatz zu dem, was man öfters angenommen hat (vgl. Aufsatz II, S. 58. Siehe auch Sommerfelds Buch, Kap. 6, § 2) und was auch am Schluß des besprochenen Paragraphen angedeutet ist, können Betrachtungen über die Erhaltung des Impulsmomentes nur benutzt werden, um auf solche Einschränkungen im Kombinationsprinzip der Spektrallinien Licht zu werfen, die in den Gesetzen zum Ausdruck kommen, welche die Zahl der Komponenten der Feinstruktur der einzelnen Serienlinien bestimmen.

Zu § 3. Die Ausführungen in diesem Paragraphen stützen sich auf allgemeine Betrachtungen gestörter Systeme, so wie sie in Teil I, S. 49, 50 und Teil II, § 2 zu finden sind, und entsprechen im wesentlichen dem jetzigen Stande der Theorie. Das experimentelle Material über den Starkeffekt der Serienspektren ist nach Abfassung des Manuskripts wesentlich bereichert worden erstens durch die genauen Untersuchungen von Stark und Liebert über das Auftreten von neuen Linien in dem Helium-

und Lithiumspektrum, die schon in Teil II (vgl. Note auf S. 110) erwähnt sind und die in allen Einzelheiten den im Texte beschriebenen Wirkungen entsprechen. Ferner ist wertvolles Material durch die Untersuchungen von Takamine[1]) über verschiedene Spektren beigebracht, sowie durch eine eben abgeschlossene eingehende Untersuchung des Starkeffektes des Quecksilberspektrums, die der erwähnte Forscher gemeinschaftlich mit H. M. Hansen und Werner in Kopenhagen ausgeführt und die viele wichtige Einzelheiten ergeben hat[2]). Die durch alle diese Untersuchungen gefundenen Wirkungen sind in genauer Übereinstimmung mit den theoretischen Erwartungen, indem der Haupteffekt das Auftreten von polarisierten neuen Komponenten ist, deren Intensität und Verschiebung innig mit dem Verhältnis der betreffenden Spektralterme zu den entsprechenden Wasserstofftermen verknüpft sind.

Was die nähere Ausarbeitung der Theorie betrifft, so wurde nach der Abfassung des Manuskripts zum vorliegenden Teile das analoge Problem der Beeinflussung der Feinstruktur der Wasserstofflinien durch äußere elektrische Kräfte von Kramers einer eingehenden Untersuchung unterworfen. Seine Resultate, die sich auf eine vollständige mathematische Behandlung der mechanischen Eigenschaften des gestörten Wasserstoffatoms stützen, lagen, wie aus der Diskussion in § 3 dieses Teiles hervorgeht, schon bei der endgültigen Abfassung des zweiten Teiles vor und sind inzwischen in zwei Arbeiten publiziert worden[3]). In der ersten der genannten Arbeiten ist gezeigt, wie man eine quantitative Abschätzung bekommen kann für die Intensität, mit der die im Felde hinzutretenden Linienkomponenten auftreten, die den im Texte erwähnten, vom Felde angeregten neuen Linien in den Serienspektren anderer Elemente entsprechen. In dieser und in der zweiten Arbeit wurden weiter die dem Quadrate der Feldintensität proportionalen anfänglichen Verschiebungen der einzelnen Komponenten berechnet sowie der allgemeine

---

[1]) T. Takamine, Memoirs of the College of Science, Kyoto Imperial Universality, and Astrophysic Journal **50**, 23 (1919).
[2]) H. M. Hansen, T. Takamine und S. Werner, D. Kgl. Danske Vid. Selsk. Meddelelser (1922) (im Druck befindlich).
[3]) H. A. Kramers, Intensities of spectral lines, D. Kgl. Danske Vid. Selsk. Skrifter **8**, Rakk. III, 3 (1919) und Zeitschr. f. Phys. **3**, 199 (1920).

Verlauf der Gesamtheit der Komponenten und deren geradweise Umwandlung in einen gewöhnlichen Starkeffekt, für den die Komponentenverschiebung direkt der Feldintensität proportional ist. In einer ganz entsprechenden Weise ist es möglich, die Wirkung eines äußeren Feldes auf ein von einem willkürlichen Zentralfeld gestörtes Wasserstoffatom zu berechnen, wodurch sich die im Texte gegebenen Ausführungen in quantitativer Hinsicht wesentlich verschärfen lassen. Eine derartige Berechnung ist, was die anfängliche Verschiebung der Komponenten betrifft, neuerdings von R. Becker[1]) benutzt worden, um den Starkeffekt der Alkalispektren zu diskutieren. Obwohl eine Übereinstimmung in der Größenordnung erreicht wurde, läßt sich gegen diese Berechnungen der Einwand erheben, daß sie sich auf Vorstellungen über den Charakter der Bahn des äußeren Elektrons in den stationären Zuständen stützen, die in mehreren Fällen nicht mit den oben erwähnten Vorstellungen über den Atombau in Übereinstimmung sind, weshalb die Hauptquantenzahlen der Laufterme der scharfen Serie und der Hauptserie bei Natrium und bei den folgenden Alkalimetallen zu ändern sind. Auf diesen Umstand macht übrigens auch Becker selbst aufmerksam. Ganz abgesehen von diesen Schwierigkeiten, ist jedoch eine vollständige Behandlung der zu erwartenden Wirkung eines elektrischen Feldes auf die Serienspektren auf Grund einer solchen Berechnung darum nicht durchführbar, weil die Abweichungen des vom inneren System herrührenden Kraftfeldes von einem einfachen Zentralfelde, die für die Komplexstruktur der einzelnen Serienlinien verantwortlich ist, wie schon im Texte angedeutet, die Wirkung des äußeren Feldes wesentlich beeinflussen werden. Eine nähere theoretische Behandlung dieses Einflusses, der besonders deutlich in den oben erwähnten neuen Untersuchungen über das Quecksilberspektrum zutage tritt, liegt jedoch noch nicht vor.

Zu § 4. Während die im Texte gegebenen Betrachtungen über den anomalen Zeemaneffekt damals nur sehr allgemein gehalten werden konnten, ist inzwischen ein wesentlicher Schritt zur Entwirrung des experimentellen Materials im Sinne der

---

[1]) R. Becker, Zeitschr. f. Phys. **9**, 332 (1922).

Quantentheorie gemacht durch die bedeutungsvolle Arbeit von Landé[1]) über die dem anomalen Zeemaneffekt entsprechenden Kombinationsterme und durch die von Sommerfeld[2]) gegebene vielversprechende Diskussion der dem Paschen-Backeffekt entsprechenden Änderung der Termgröße mit wachsendem Felde. Die nähere Deutung der den Kombinationstermen zuzuordnenden stationären Zustände scheint jedoch noch fundamentale Schwierigkeiten darzubieten, und der geistreiche Versuch, den Heisenberg[3]) gemacht hat, um diesen zu entgehen, besitzt kaum einen hinreichenden Zusammenhang mit den Prinzipien, die den anderen Anwendungen der Quantentheorie auf den Atombau zugrunde liegen, um als gelungen angesehen werden zu können. Wie im Texte hervorgehoben ist, besteht die Schwierigkeit in erster Linie darin, daß die gewöhnlichen elektrodynamischen Gesetze nicht mehr in derselben Weise auf die Bewegung des Atoms im magnetischen Felde angewandt werden können, wie dies bei der Theorie des Wasserstoffspektrums der Fall zu sein schien[4]). Die im Text erwähnte Folgerung aus dem Korrespondenzprinzip, daß man aus den Beobachtungen direkt auf das Versagen des Larmorschen Theorems (vgl. Teil II, § 5) schließen kann, hat eine weitere Stütze durch die neuen Beobachtungen von Paschen und Back[5]) erhalten. Nach diesen treten im Magnetfelde neue Komponenten in der Komplexstruktur der Serienlinien auf, die Übergängen entsprechen, bei denen die dritte Quantenzahl sich um mehr als eine Einheit ändert, woraus zu schließen ist, daß das Magnetfeld auf die Bewegung des Serienelektrons relativ zum inneren System einen direkten Einfluß ausübt.

---

[1]) A. Landé, Zeitschr. f. Phys. **5**, 231 (1921).
[2]) A. Sommerfeld, ebenda **8**, 257 (1921).
[3]) W. Heisenberg, ebenda, S. 273 (1921).
[4]) Die in Teil II, S. 132 diskutierte theoretische Erwartung, daß in einem Magnetfeld jede der Feinstrukturkomponenten der Wasserstofflinien (und der Heliumfunkenlinien) in ein normales Triplett aufgespalten wird, ist stark gestützt durch eine Untersuchung von Hansen und Jacobsen (Det Kgl. Danske Vidensk. Selsk., math.-fys. Meddelelser **3**, 11 (1921) über den Effekt eines Magnetfeldes auf die Heliumfunkenlinie 4686 Å. Obwohl diese Untersuchung wegen der Empfindlichkeit der Feinstruktur dieser Linie gegenüber den in der Entladung anwesenden elektrischen Kräften sehr schwierig war, scheint das Resultat wenigstens zu beweisen, daß der Effekt des Feldes von einem von dem anomalen Zeemaneffekt der anderen Spektren gänzlich verschieden Typus ist. Vgl. auch O. Oldenberg, Ann. d. Phys. **67**, 253 (1922).
[5]) F. Paschen und E. Back, Physica **1**, 261 (1921).

Wie im Text bemerkt, scheinen die erwähnten Umstände mit dem allgemeinen Charakter der magnetischen Eigenschaften der Atome der Elemente in ihrem Normalzustand zusammenzuhängen. Obwohl dieses Problem noch ungelöst ist, scheint, wie im Aufsatz III hervorgehoben ist, ein Anhaltspunkt für die Interpretation dieser Eigenschaften durch den Umstand gegeben, daß das Auftreten von Atomparamagnetismus auf das innigste verknüpft ist mit dem Vorhandensein von solchen inneren Elektronengruppen im Atom, die sich in einem Zustand weiterer Entwicklung befinden und deshalb einen bemerkenswerten Mangel an Symmetrie aufweisen.

Die "**Sammlung Vieweg**" hat sich die Aufgabe gestellt, Wissens- und Forschungsgebiete, Theorien, chemisch-technische Verfahren usw., die im Stadium der Entwicklung stehen, durch zusammenfassende Behandlung unter Beifügung der wichtigsten Literaturangaben weiteren Kreisen bekanntzumachen und ihren **augenblicklichen Entwicklungsstand zu beleuchten.** Sie will dadurch die Orientierung erleichtern und die Richtung zu zeigen suchen, welche die weitere Forschung einzuschlagen hat.

Als Herausgeber der einzelnen Gebiete auf welche sich die Sammlung Vieweg zunächst erstreckt, sind tätig, und zwar für:

Physik (theoretische und praktische, und mathematische Probleme):
> Herr Professor **Dr. Karl Scheel**, Physikal.-Techn. Reichsanstalt, Charlottenburg;

Chemie (Allgemeine, Organische und Anorganische Chemie, Physikal. Chemie, Elektrochemie, Technische Chemie, Chemie in ihrer Anwendung auf Künste und Gewerbe, Photochemie, Metallurgie, Bergbau):
> Herr Professor **Dr. B. Neumann**, Techn. Hochschule, Breslau;

Technik (Wasser-, Straßen- und Brückenbau, Maschinen- und Elektrotechnik, Schiffsbau, mechanische, physikalische und wirtschaftliche Probleme der Technik):
> Herr Professor **Dr.-Ing. h. c. Fritz Emde**, Techn. Hochschule, Stuttgart.

Neuere Hefte der "Sammlung Vieweg"

Heft 27. Prof. Dr. C. Doelter-Wien: *Die Farben der Mineralien, insbesondere der Edelsteine.* Mit 2 Abbildungen. M. 3,—.

Heft 28. Dr. W. Fahrion-Feuerbach-Stuttgart: *Neuere Gerbemethoden und Gerbetheorien.* M. 4,50.

Heft 29. Dr. Erik Hägglund-Bergvik (Schweden): *Die Sulfitablauge und ihre Verarbeitung auf Alkohol.* Mit 6 Abbild. und einer Tafel. 2. Auflage. M. 3,50.

Heft 30. Dr. techn. M. Vidmar-Laibach: *Moderne Transformatorenfragen.* Mit 10 Abbildungen. M. 3,—.

Heft 31. Dr. Heinr. Faßbender-Berlin: *Die technischen Grundlagen der Elektromedizin.* Mit 77 Abbildungen. M. 4,—.

Heft 32/33. Prof. Rudolf Richter-Karlsruhe: *Elektrische Maschinen mit Wicklungen aus Aluminium, Zink u. Eisen.* Mit 51 Abbild. M. 6,—.

Heft 34. Obering. Carl Beckmann-Berlin-Lankwitz: *Haus- und Geschäfts-Telephonanlagen.* Mit 78 Abbildungen. M. 3,—.

Heft 35. Dr. Aloys Müller-Bonn: *Theorie der Gezeitenkräfte.* Mit 17 Abbildungen. M. 3,—.

Heft 36. Prof. Dr. W. Kummer-Zürich: *Die Wahl der Stromart für größere elektrische Bahnen.* Mit 7 Abbildungen. M. 2,50.

Wenden!

MIX
Papier aus verantwortungsvollen Quellen
Paper from responsible sources
FSC® C105338

If you have any concerns about our products,
you can contact us on
ProductSafety@springernature.com

In case Publisher is established outside the EU,
the EU authorized representative is:
**Springer Nature Customer Service Center GmbH
Europaplatz 3, 69115 Heidelberg, Germany**

Printed by Libri Plureos GmbH
in Hamburg, Germany